図解入門
How-nual
VisualGuideBook

よくわかる最新
冷凍空調の基本と仕組み

冷凍機械責任者試験のための副読本

冷凍サイクルの基本［第2版］

高石 吉登 著

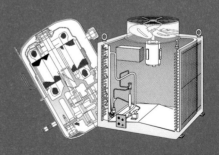

秀和システム

●注意
(1) 本書は著者が独自に調査した結果を出版したものです。
(2) 本書は内容について万全を期して作成いたしましたが、万一、ご不審な点や誤り、記載漏れなどお気付きの点がありましたら、出版元まで書面にてご連絡ください。
(3) 本書の内容に関して運用した結果の影響については、上記(2)項にかかわらず責任を負いかねます。あらかじめご了承ください。
(4) 本書の全部または一部について、出版元から文書による承諾を得ずに複製することは禁じられています。
(5) 本書に記載されているホームページのアドレスなどは、予告なく変更されることがあります。
(6) 商標
　　本書に記載されている会社名、商品名などは一般に各社の商標または登録商標です。

はじめに

　食品の製造・流通・保存を支える冷凍、建設・エネルギー・生体・医療分野で活躍する冷凍、また住宅・事務所ビル・学校・病院・商業施設・自動車・船舶・車両・飛行機などに快適な空間を提供する空調、私たちの暮らす現代社会は、もはや冷凍空調なしでは成り立ちません。

　本書の第一の目的は、現代社会において必要不可欠となっている冷凍空調技術をテーマとして取り上げ、その基本と仕組みを読者の皆さんに伝えることにあります。その目的を達成するために、本書は、以下の9章から構成されています。

第1章　身近な冷凍空調の世界を知ろう

　冷凍空調の広がりを紹介し、読者を冷凍空調の世界に導きます。

第2章　冷凍空調のための熱力学の基礎

　冷凍空調分野の基本と仕組みをよりよく理解するために必要とされる熱力学の基礎事項を取り上げ、類書に例を見ないほどに懇切丁寧に説明します。

第3章　冷凍空調のための伝熱工学の基礎

　冷凍空調装置における伝熱計算を理解するために必要とされる伝熱工学の基礎事項を取り上げ、わかりやすく説明します。

第4章　冷凍サイクルを見る

　Ph 線図の成り立ちを詳しく解説します。Ph 線図を用いることによって、すべての読者の方々が、冷凍サイクルの基本と仕組みを目で見て理解できるように工夫しています。本書で最も力点をおいた章です。

第5章　冷媒、ブラインおよび冷凍機油

　冷凍装置内で熱を運ぶ冷媒やブライン、圧縮機を潤滑する冷凍機油について理解を深めます。

第6章　圧縮機のはたらきと仕組みを調べる
　圧縮機は冷凍装置の心臓ですが、そのはたらきと仕組みを解剖します。

第7章　冷凍装置を構成する機器のいろいろ
　圧縮機以外に冷凍装置に必要不可欠な機器について解説します。

第8章　空気調和の基本を知る
　空調とは何か、湿り空気とは何か、空気調和の基本事項を説明します。

第9章　おもしろい冷凍方法・サイクルがある
　未来につながる新しくておもしろい冷凍方法や冷凍サイクルのいくつかを紹介します。

　このように、本書は、「冷凍空調の基本と仕組みをこれから学びたい方々」のための入門書として、また「冷凍機械責任者試験の受験をこれから目指す方々」のための副読本として編纂されています。巻末に掲載した「高圧ガス保安法」抜粋は、冷凍機械関連の法令を理解するのにご活用いただけます。

　第2版では、冷凍空調装置における計算問題の例題を充実させました。また、章末にクイズをおき、楽しみながら各章の理解度を確認できるようにしました。第2版も初版同様、これから独学で冷凍空調の基本と仕組みについて基礎から徹底的に学ぼうとしている読者の方々に少しでもお役に立てることを願って止みません。

　最後に、第2版の出版は、株式会社秀和システム編集部のご助力なしには成しえなかったことをしるし、謝意を表します。初版同様登場するペンギンの図案を描いてくれた高石晃氏に謝意を表します。

2019年3月

著者しるす

よくわかる
最新冷凍空調の基本と仕組み[第2版]

CONTENTS

はじめに …………………………………………………………………… 3

第1章 身近な冷凍空調の世界を知ろう

- 1-1 冷凍空調―身近にあって、背後で支える………………… 10
- 1-2 アイスクリームと冷凍………………………………………… 12
- 1-3 物を冷やす方法………………………………………………… 14
- 1-4 冷凍機で冷やす………………………………………………… 18
- 1-5 冷凍機の始まり………………………………………………… 20
- 1-6 温度のはなし…………………………………………………… 22
- 1-7 環境と冷凍空調………………………………………………… 24

第2章 冷凍空調のための熱力学の基礎

- 2-1 物体の熱力学状態は状態量で表される…………………… 30
- 2-2 熱量―見える熱と見えない熱……………………………… 34
- 2-3 比熱―温まりやすい物は冷えやすい……………………… 36
- 2-4 熱力学の第一法則―エネルギーは保存される…………… 38
- 2-5 気体がする仕事―膨らんで押す…………………………… 41
- 2-6 エンタルピーとは何だろう………………………………… 43
- 2-7 熱力学の第二法則―熱の本性……………………………… 46
- 2-8 熱機関と冷凍機のサイクルを比べよう…………………… 48
- 2-9 エントロピーとは何だろう………………………………… 52

2-10 理想気体はシンプルだ……………………………………… 56
2-11 熱力学状態を状態線図で表す…………………………… 58
2-12 湿り蒸気と乾き度………………………………………… 60
章末クイズ………………………………………………………… 63

第3章 冷凍空調のための伝熱工学の基礎

3-1 熱の伝わり方―熱移動の形態…………………………… 66
3-2 熱伝導―物体中の熱移動………………………………… 68
3-3 熱伝達―固体と流体との間の熱移動…………………… 70
3-4 熱通過―固体壁を隔てた二流体間の熱移動…………… 72
3-5 SI単位―単位がわかれば計算ができる………………… 74
3-6 計算問題の解き方………………………………………… 77
章末クイズ………………………………………………………… 80

第4章 冷凍サイクルを見る

4-1 Ph線図とは………………………………………………… 84
4-2 冷凍サイクルを調べる…………………………………… 94
4-3 Ph線図で冷凍サイクルを見る…………………………… 99
4-4 Ph線図で過熱度と過冷却度を見る……………………… 102
4-5 冷凍サイクルを異なる視点から見る…………………… 104
4-6 理論冷凍サイクルを見る………………………………… 106
4-7 運転条件が成績係数に及ぼす影響を見る……………… 112
4-8 理論冷凍サイクルを解く………………………………… 115
4-9 二段圧縮冷凍サイクルを見る…………………………… 118
4-10 理論二段圧縮冷凍サイクルを解く……………………… 122
4-11 二元冷凍サイクルを見る………………………………… 125
4-12 吸収冷凍サイクルとは…………………………………… 129
章末クイズ………………………………………………………… 131

CONTENTS

第5章 冷媒、ブラインおよび冷凍機油

- 5-1 冷媒の変遷 ………………………………………… 134
- 5-2 冷媒の種類と記号のつけ方 ……………………… 137
- 5-3 冷媒に求められる性質 …………………………… 140
- 5-4 冷媒の特性と用途 ………………………………… 143
- 5-5 ブラインの種類と用途 …………………………… 147
- 5-6 冷凍機油の役割と種類 …………………………… 149
- 章末クイズ …………………………………………… 152

第6章 圧縮機のはたらきと仕組みを調べる

- 6-1 圧縮機―冷凍装置の心臓 ………………………… 156
- 6-2 圧縮機の性能―ピストン押しのけ量とは ……… 159
- 6-3 圧縮機の効率―理論圧縮動力を補正する ……… 162
- 6-4 実際の冷凍サイクルの成績係数 ………………… 164
- 6-5 実際の冷凍サイクルを解く ……………………… 167
- 6-6 圧縮機の容量制御と運転保守 …………………… 170
- 章末クイズ …………………………………………… 173

第7章 冷凍装置を構成する機器のいろいろ

- 7-1 凝縮器―冷媒蒸気を冷媒液に戻す ……………… 176
- 7-2 凝縮器における伝熱 ……………………………… 180
- 7-3 凝縮器の伝熱計算をしてみよう ………………… 184
- 7-4 蒸発器―冷媒液が蒸発して冷却・冷凍作用を行う … 186
- 7-5 蒸発器における伝熱 ……………………………… 190
- 7-6 蒸発器の伝熱計算をしてみよう ………………… 194
- 7-7 附属機器―冷凍サイクルをサポート …………… 196
- 7-8 自動制御機器―変化に対応 ……………………… 199

7-9	安全装置—異常事態から装置を守る……………………… 201
7-10	冷凍装置に関するあれこれ………………………………… 203
	章末クイズ……………………………………………………… 205

第8章 空気調和の基本を知る

8-1	空気調和とは何だろう……………………………………… 208
8-2	空調システムの基本構成…………………………………… 210
8-3	湿り空気—水蒸気を含む空気……………………………… 212
8-4	湿り空気線図の成り立ち…………………………………… 219
8-5	ヒートポンプ空調機のはたらき…………………………… 223
8-6	冷房に関する計算問題を解く……………………………… 225
	章末クイズ……………………………………………………… 229

第9章 おもしろい冷凍方法・サイクルがある

9-1	磁気冷凍—磁気で冷やす…………………………………… 232
9-2	熱音響冷凍—音で冷やす…………………………………… 234
9-3	金属水素化物冷凍—水素で冷やす………………………… 236
9-4	エジェクタを用いる冷凍サイクル………………………… 238
9-5	電子冷凍—ペルチェ効果で冷やす………………………… 240

	参考資料　高圧ガス保安法（抜粋）……………………… 243
	章末クイズの解答…………………………………………… 267
	索引…………………………………………………………… 268
	参考文献……………………………………………………… 272

第1章

身近な冷凍空調の世界を知ろう

今日の私たちの生命と生活は冷凍空調技術に支えられて成り立っています。身近にあって背後で支える冷凍空調、物を冷やす方法、冷凍機の原理と始まり、環境問題との関連などを取り上げながら、第1章では、さまざまな冷凍空調の世界を紹介します。

1-1　冷凍空調—身近にあって、背後で支える

　冷凍空調は、身近にあって必要不可欠なもの、直接眼には見えなくても、私たちの生活や社会の活動をしっかり支えてくれているものです。冷凍空調の世界とその広がりについて知っておきましょう。

■ 私たちと冷凍空調

　最も身近な冷凍空調装置の代表は、家庭の冷蔵庫や空調機でしょう。今日、これらの直接眼で見えるもの以外にも、冷凍空調装置は私たちの気づかないところで絶え間なくはたらき、私たちの衣食住をしっかりと支えています。冷凍空調に係わる技術および装置なしに、私たちは自らの生命や毎日の生活を維持したり、現代社会の繁栄を持続することは不可能であるといっても過言ではないでしょう。

　表1.1.1には、家庭用の冷蔵庫から凍結手術の医学的応用まで、それぞれ冷凍機（冷凍装置ともいう）を必要とするものの集まりを、表1.1.2には、自動車

■表 1.1.1　冷凍機を必要とするものの集まり■

冷凍・冷蔵機器	家庭用冷蔵庫、業務用冷蔵庫、ショーケース、ウォータークーラ、製氷機、コールドボックス、自動販売機、冷凍コンテナ、冷凍車、冷凍・冷蔵倉庫など
空調機器	ルームエアコン、カーエアコン、店舗用パッケージエアコン、ビル用パッケージエアコン、設備用パッケージエアコンなど
産業冷凍応用	アイススケートリンク、人工スキー場、液化プロパンガス（LPG）の貯蔵・輸送、液化天然ガス（LNG）の貯蔵・輸送、超・極低温冷凍装置、生物細胞の凍結保存、低温顕微鏡、動植物の凍結保存、ヒト細胞保存、凍結手術など

■表 1.1.2　空調機を備えるものの集まり■

快適空間のための空調	自動車、バス、電車、船舶、航空機、住宅、事務所ビル、計算センター、大規模店舗、中規模店舗、小規模店舗、ホテル、劇場、公会堂、病院、美術館、博物館、学校、図書館、体育館、娯楽施設など
産業で必要とされる空間のための空調	恒温恒湿ルーム、低温ルーム、動物実験施設、植物実験施設、クリーンルーム、医薬品工場、食品加工工場、機械工場、原子力施設など

から原子力施設まで、空調機を備えるものの集まりを、それぞれまとめました。冷凍空調から、私たちがいかに大きな恩恵を受けているかが、容易に理解できます。

食と冷凍

　私たちの食のほとんどは、冷凍または冷蔵の技術によって成り立っています。野菜を例にとってみましょう。生産地で生産された野菜は冷蔵能力をもったトラックや鉄道で消費地に運ばれます。デパート、スーパーマーケットおよびコンビニエンスストアなどの商店では、適度な低温に維持されたショーケースに並べられ、私たちの消費に供されます。購入された野菜は家庭の冷蔵庫にいったん保存され、必要に応じて調理、加工され、私たちの食卓に上ることになります。野菜の他に、果実、魚類、畜肉、乳製品、アイスクリーム、清涼飲料、冷凍食品など、ほとんどすべての食品は、流通や保存の過程において冷凍または冷蔵装置の助けなくして私たちの口元に到達することはありません。

　生産地と消費地を結ぶ冷凍または冷蔵能力を利用した流通システムは、**コールドチェーン（低温流通）** とよばれています。このように、私たちの食の大部分は、文字通り、冷たい鎖によって守られています。

空間と冷凍空調

　あなたは、空調された部屋で目覚め、空調されたバスに乗り、空調された駅ビルを通り、空調された電車に乗り、空調されたビルで働き、空調された家に帰り、空調された部屋で眠りについてはいませんか。このように、今日の私たちは、空調された環境で日々生活し、空調された空間で時を過ごす機会がますます増えています。

　空気調和は略して空調とよび、**空気調和装置**（エアコンディショナー）は、短く空調装置、空調機、エアコンとよぶこともあります。主に温度、湿度、気流などを制御して、空間環境を快適にすることを空調とよんでいます。空調を実現する空調装置の熱源には冷房のための冷凍機が、暖房のためのヒートポンプなどがそれぞれ使われています。空調された環境において私たちの肌を快くくすぐる空気は冷凍空調の技術によって提供されています。

1-2 アイスクリームと冷凍

　冷凍を最も必要とする食べ物の代表は、アイスクリームでしょう。アイスクリームに限らず、いろいろな冷凍食品の低温流通に、冷凍技術はなくてはならないものです。

賞味期限のないアイスクリーム

　アイスクリームは賞味期限の表示義務を免除されている珍しい食品です。このようなアイスクリームにとって一番の大敵は、温度変化であるといわれています。そのわけは、温度が上がり一度融けてしまうと、ヒートショックを受けて、再度冷やしても本来の風味が劣化してしまうのだそうです。したがって、本来の品質を保ったままアイスクリームを生産地から消費者まで届けるために、流通経路での温度管理が徹底的に行われています。

賞味期限のないアイスクリーム

　アイスクリームは、国産品ならば国内の工場から、輸入品ならば海外の工場から消費者の身近な販売店まで運ばれてきます。図1.2.1は、高品質なアイスクリームが旅する経路と手段、そのときの温度基準です。海外からの輸入アイスクリームは－26℃以下に保たれた海上コンテナ輸送によって、また国内の生産工場からは、－20℃以下の低温でトラックによってそれぞれ運ばれ、営業倉庫に収められます。長期にわたる保存の可能性のある営業倉庫や卸店倉庫では、－26℃以下の低温に保持されています。各倉庫間および卸店倉庫から販売店までのトラックによる輸送、消費者を待つ販売店においても、－20℃という低温が維持されます。

　このように、アイスクリームの流通に使用される海上コンテナ、トラック、営業倉庫、卸店倉庫、販売店においては、必ず低温を作り出し維持する冷凍機が活躍しています。

冷凍車を透かして見る

　アイスクリームに限らず、昼夜止まらず流通する冷凍食品の陸上輸送には、冷凍装置を備えたトラック、すなわち**冷凍車**が使われます。図1.2.2は、二つ

の部屋をもつ冷凍車です。図では、多種の冷凍食品の輸送に対応できるように、−20℃および−5℃という二つの異なった低温の空間を作り出せるように、二つの蒸発器をもった冷凍車の例が示されています。このように、私たちの食を満たすために冷凍車が必要であり、冷凍車には冷凍装置が不可欠であることがわかります。

■図1.2.1　アイスクリームの温度基準■

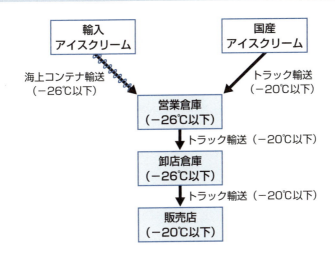

■図1.2.2　二つの蒸発器をもつ冷凍車■

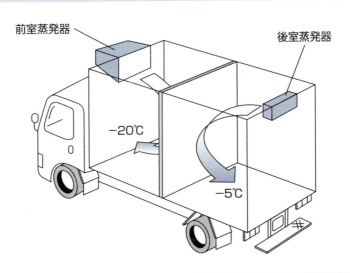

1-3　物を冷やす方法

　冷凍とは、簡単には、「ある物体の温度を周囲の温度以下にすることである」、といえます。物体の温度を下げるには、その物体の温度よりも低い温度にある他の物体を用い、その物体から熱を奪い取らねばなりません。ここでは、物を冷やすために利用できる物理現象のいくつかを調べましょう。

■ 低温の物体を利用する

　図1.3.1に示すように、質量1 kg、温度20℃の鉄片Aに、質量1 kg、温度0℃の別の鉄片Bを接触させたとします。すると、熱は高温のAから低温のBに伝わり、Aは冷やされます。しかし、両者が温度10℃になると**熱平衡**に達し、熱の移動は起こらず、それ以降、BがAを冷やすことはありません。残念ながら、温度変化を伴う**顕熱**を利用するこの方法では、連続して物体を冷やし続けることはできません。

■ 寒剤を利用する

　温度0℃の氷に食塩（塩化ナトリウム；NaCl）を混ぜると、凝固点降下が起こり、氷の温度が0℃以下に下がります。氷と食塩の質量比を3：1の割合で混ぜ合わせると、氷の温度が約－20℃まで低下することが知られています。氷と食塩の混合物を**寒剤**といいます。図1.3.2のように、この寒剤の低温を利用して、あっという間にアイスクリームを作ることができるでしょう。しかし、食塩の効果が終われば寒剤は低温を維持することができなくなるので、この寒剤によって長時間にわたり冷やし続けることは困難です。

■ 昇華を利用する

　物質が熱をもらい固体の状態から直接蒸気（気体）の状態に変化する現象を**昇華**といいます（蒸気から固体への逆の変化も昇華という）。図1.3.3のように、私たちは購入したアイスクリームを一時的に保冷するときによくドライアイスを使います。ドライアイスは二酸化炭素（炭酸ガス；CO_2）の固体です。ドライアイスは大気圧のもとで温度－79℃一定で昇華し、573 kJ/kgの昇華

■図 1.3.1　低温の物体で冷やす■

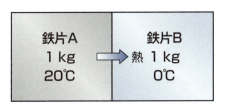

■図 1.3.2　寒剤で冷やす■

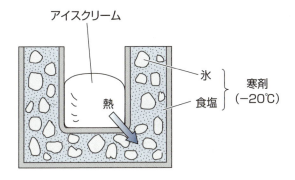

■図 1.3.3　昇華で冷やす■

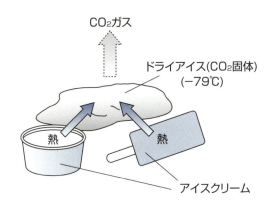

熱で周囲の物体を冷やすことができます。ただし、−79℃という低温は非常に魅力的ですが、ドライアイスがすべて昇華し終えたとき、その冷やす能力は失われます。

融解を利用する

　図1.3.4のように、私たちはコップの水を冷やすのに氷をよく使います。氷が融けて水になるとき、水から熱を奪い、水を冷やします。物質が固体の状態から液体の状態に変化することを**融解**とよび、そのとき要する熱が融解熱です。氷は大気圧のもとで温度0℃一定のまま融解し、その融解熱は約334 kJ/kgです。氷1 kgが融けると、334 kJの熱を周囲から奪い、周囲を冷やします。氷の融解熱はドライアイスの昇華熱の約1/2ですから、氷の冷やす能力は同じ質量のドライアイスのおよそ半分です。氷の融解温度0℃という低温熱源は、氷がすべて融けてしまうと残念ながら自動的に消滅します。

蒸発を利用する

　物質が熱をもらい液体の状態から蒸気（気体）の状態に変化することを**蒸発**とよび、そのとき移動する熱が蒸発熱です。昇華や融解と同じように、この蒸発現象に伴う蒸発熱を大いに利用して物を冷やすことができます。

　たとえば、代表的なフルオロカーボン冷媒R 134aは大気圧のもとで温度約−26℃一定で蒸発します。その蒸発熱は178 kJ/kgです。大気圧のもとで1 kgのR 134a冷媒液は−26℃という低温一定のまま蒸発して、周囲から178 kJの熱を奪い、周囲を冷やします（図1.3.5 (a)）。

　冷媒液の蒸発によって周囲を冷やす能力は、氷の融解やドライアイスの昇華の利用と同じように、冷媒液がすべて蒸発し終えたところで失われます。ところが液体の蒸発を利用する場合には、固体の融解や昇華を利用する場合に比べて大きな利点があります。それは、液体には流れて動く性質（流動性）があるということです。氷のような固体には流動性がなく、配管などで運ぶことは容易ではありません。ところが、液体ならば流動性がありますから、絶え間なく新しい冷媒液を適当な配管を通して蒸発の起こる場所に供給し続けることが可能です。

いま、R 134a冷媒液が、蒸発の起こる場所に大気圧のもとで質量流量0.1 kg/s一定で供給されているものとしましょう（図1.3.5（b））。このとき、R 134a冷媒液の蒸発現象は絶え間なく持続して、−26℃で一定の低温が保たれ、0.1（kg/s）×178（kJ/kg）＝17.8 kJ/s＝17.8 kW、すなわち、毎秒17.8 kJの熱を周囲から奪い、周囲を冷やし続けます。この冷媒液の持続した蒸発現象と同時に、冷媒蒸気の絶え間ない**凝縮**（液化）を取り入れた冷凍機が、発明、改良、発展を重ねて今日に至りました。

現在、低温の必要とされるあらゆるところで、冷媒液の蒸発と冷媒蒸気の圧縮を繰り返す冷凍機を利用して持続して物を冷やす方法が、最も一般的に行われています。

■図1.3.4　融解で冷やす■

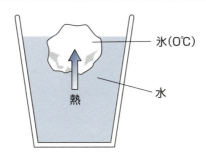

■図1.3.5　蒸発で冷やす■

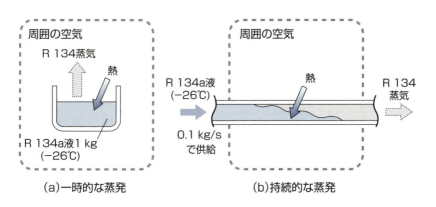

1-4　冷凍機で冷やす

　エネルギーを消費し、低温を持続的に作り出す機械装置が冷凍機です。ここでは、冷凍機の基本要素とそのサイクルについて紹介します。

■ 冷蔵庫に冷凍機を探す

　さて、最も身近な冷凍機は家庭用の電気冷蔵庫でしょう。図1.4.1は、冷凍室はなく冷蔵室だけをもつ、単純な冷蔵庫の仕組みです。この冷蔵庫に冷凍機の基本要素を探してみましょう。

　冷凍機の基本的な構成機器は、**圧縮機**、**凝縮器**、**膨張弁**および**蒸発器**の4つです。蒸発器は、冷蔵室を冷媒液の持続的な蒸発によって冷やします。圧縮機は、電力（電気エネルギー）を消費して、蒸発を終えた低圧の冷媒蒸気を圧縮し高圧にします。凝縮器は、部屋の空気で冷却し、高圧の冷媒蒸気を凝縮させ、高圧の冷媒液を作ります。膨張弁（またはキャピラリーチューブ）は、高圧の冷媒液を絞り、蒸発しやすい低圧の冷媒液を作ります。この低圧の冷媒液は連続して蒸発器に送り込まれ、その持続的な蒸発により冷蔵室を冷やし続けます。

■ 冷凍機と冷凍サイクル

　冷蔵庫の例で見たように、冷凍機の作用により持続的に低温を作り出すことができます。冷凍機の中で働く作動流体を**冷媒**といいます。冷媒の蒸発と凝縮によって低温を持続的に作り出す冷凍機は蒸気圧縮冷凍機（または圧縮冷凍機）とよばれ、今日の冷凍機の最も一般的なものとなっています。以下では、とくにことわりのないかぎり蒸気圧縮冷凍機のことを単に冷凍機または冷凍装置とよぶことにします。

　図1.4.2は冷凍機の基本的な構成機器とサイクルを示したものです。ここでは、冷媒といっしょに冷凍機の構成機器を巡る旅をしてみましょう。

　まず、圧縮機から出発します。蒸発器を出た低圧の冷媒蒸気は圧縮機に入り、圧縮されて高圧高温の冷媒蒸気となって出て行きます。圧縮機は電力（電気エネルギー）を消費して運転されることを忘れてはなりません。圧縮機を出た高圧（高温でもある）の冷媒蒸気は凝縮器に入り冷却水によって冷やされ凝縮し、高圧の冷媒液に姿を変えます。次に、高圧の冷媒液は膨張弁を通過しながら絞

られ膨張し、低圧（低温でもある）の冷媒液となります。さらに、膨張弁を出た冷媒液は蒸発器に入り、蒸発しながら蒸発器の周囲の空気を所定の低温となるように冷やします。蒸発器を出た低圧の冷媒蒸気は再び圧縮機へ入り、機器を巡る旅を続けます。このような冷凍機の中で行われている循環過程を蒸気圧縮冷凍サイクル（または冷凍サイクル）とよんでいます。

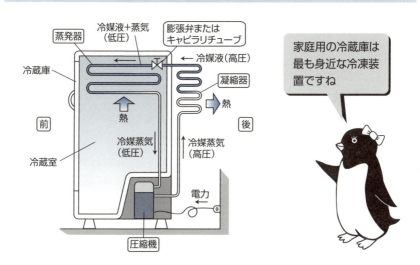

■図 1.4.1　冷蔵庫に冷凍機を探す■

家庭用の冷蔵庫は最も身近な冷凍装置ですね

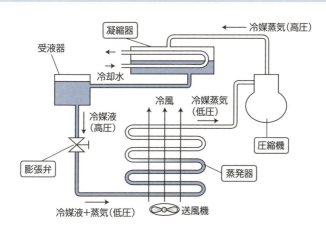

■図 1.4.2　冷凍機と冷凍サイクル■

1-5　冷凍機の始まり

　最初の冷凍機は1850年代に出現しました。それは、Wattによる蒸気機関の約85年後、物理学、とくに「熱とは何か」を説明する熱力学の基礎理論が確立されたあとの出来事でした。

■ 冷凍機の原型は1834年に特許化

　表1.5.1は最初の冷凍機がこの世界に生み出されたころの年表です。水を低い圧力で蒸発させ、温度を人為的・機械的に下げ、氷を作る機械を考案、製作しようとする試みが、1755年、Cullen（イギリス）によって行われました。しかし、当時は、極めて低い圧力を得る真空技術がなかったために実用化されなかったといわれています。

　明らかな冷凍機としての機能をもった最初の冷凍機の発明は、1830年代にまで遡ることができます。1834年、アメリカのPerkinsは、冷媒としてエーテルを用いた圧縮冷凍機（図1.5.1）を考案し、特許を取得しました。これが実際に実用化されたのは、発明からおよそ20年後であるといわれています。したがって、冷凍機というものは1854年頃にこの世界に現れたことになります。これは、1769年Watt（イギリス）による蒸気機関の発明・改良より85年も遅れた出来事だったのです。

　その後、1860年にCarré（フランス）によって、アンモニア水を冷媒として用いた吸収冷凍機、1870年代には、Pictet（スイス）による亜硫酸ガスを冷媒とした圧縮冷凍機や、Linde（ドイツ）によるアンモニアを冷媒として用いた圧縮冷凍機などが作り出されてきました。

■ 最初の冷凍機

　1834年、先に述べたPerkinsは冷凍機（図1.5.1）の特許を取得しました。冷媒はエーテル、そして、システムを構成する機器として、ポンプ（圧縮機の代わりをする）、凝縮器、弁、蒸発器があり、現在の冷凍機と同じ形態を備えています。Perkinsは、次のように説明しています。「私が権利として主張していることは、流体（水）を冷却、凍結させるために、揮発性の流体（冷媒、エーテル）を用い、揮発性の流体を絶えず凝縮し、無駄なく繰り返し使用できる装置で

1-5 冷凍機の始まり

す。」 このアイディアは、冷媒液の蒸発（気化）と冷媒蒸気の凝縮（液化）を連続して利用する今日の冷凍機を出現させる画期的な発明となりました。

図1.5.1右上に、1890年代のFrick社（米国）のカタログに掲載された冷凍機の応用例を示します。果物やビールなどが冷蔵室に保存されている当時の様子がうかがえます。

■表 1.5.1　冷凍機の始まり■

1755年	Cullen（イギリス）	製氷機の試作
1769年	Watt（イギリス）	蒸気機関の発明・改良
1834年	Perkins（アメリカ）	エーテル圧縮冷凍機の発明
1860年	Carre（フランス）	アンモニア吸収冷凍機
1866年	Lowe（アメリカ）	炭酸ガス圧縮冷凍機を作る
1875年	Pictet（スイス）	亜硫酸ガス圧縮冷凍機を作る
1876年	Linde（ドイツ）	アンモニア圧縮冷凍機を作る
1928年	GM社（アメリカ）	R12の発明
1930年	デュポン社（アメリカ）	R12の生産開始
1930年代～現在	アメリカ、ヨーロッパ、日本などを中心に世界中	種々の冷凍機の開発が行われ、現在に至る

■図 1.5.1　Perkinsによる最初の冷凍機■

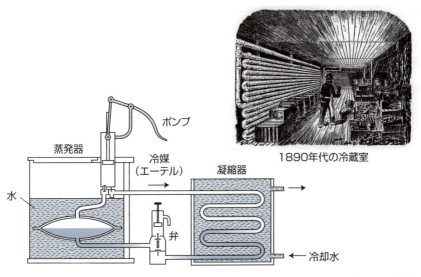

（巻末参考文献(8)）

1-6 温度のはなし

温度は最も身近で最も重要な物理量です。ここでは、高中低のいろいろな温度を調べてみましょう。また、低温を実現するための工学技術にも注目してみましょう。

いろいろな温度

表1.6.1に、太陽の表面温度から絶対零度にいたるまでのいろいろな温度を示します。熱放射によって地球にエネルギーを与えている太陽の表面温度は6000℃という高温です。ガソリンの燃焼温度は約2000℃であり、この高温熱源からの熱の一部がガソリンエンジンによって動力（仕事）に変換されます。標準大気圧(101.325 kPa)における水の沸点は99.974℃（約100℃）です。恒温動物である鳥類に属するニワトリの体温は43℃、同様に恒温動物である哺乳類に属する私たちヒトの体温は約37℃です。気象データによると、東京の8月の平均気温は27℃となります。地球上の平均気温は15℃であると計算されています。標準大気圧における水の凝固点はちょうど0℃です。

冷凍食品は通常−18℃程度の低温で保存されます。大気圧下において窒素は−196℃で液化します。したがって、大気圧下で蒸発している液体窒素は−196℃の低温を作り出すことができます。ヘリウムの液化温度はさらに低く−269℃です。

■表1.6.1　いろいろな温度■

現象	温度	現象	温度
太陽の表面温度	約6000℃	冷凍食品の保存温度	−18℃
ガソリンの燃焼温度	約2000℃	微生物の凍結保存温度	−80℃
標準大気圧下の水の沸点	99.974℃（約100℃）	窒素の液化温度	−196℃
ニワトリの体温	43℃	ヘリウムの液化温度	−269℃
ヒトの体温	37℃	宇宙の平均温度	−270℃
東京（8月）の平均気温	27℃	絶対零度（0 K、理論的定義点、実現不可能)	−273.15℃
地球の平均気温	15℃		
標準大気圧下の水の凝固点（氷点）	0℃		

低温のための工学技術

さて、東京(8月)の平均温度27℃から絶対零度−273.15℃(0 K)に向かって温度の階段をどんどん下りていくためには、次のような工学技術がそれぞれ必要となります(表1.6.2)。

冷凍機を利用して室温から−100℃付近までの低温を作り出すには、**冷凍工学**(Refrigerating Engineering)の技術が必要です。そこでは、本書で取り扱う冷凍装置や空調装置が活躍します。さらに温度の階段を下りていくためには、極低温の世界を作り出す**低温工学**(Cryogenics)の技術が必要になります。

通常、極低温というと絶対零度に近い極めて低い温度領域を想像しますが、窒素の液化温度(液化窒素の標準沸点)である−196℃以下の温度領域を指すことが多いようです。極低温を実現するための冷却設備は、電気抵抗のなくなる超伝導現象を利用することと結びついており、リニアモーター鉄道車両の開発や核融合炉の研究に欠かせないものです。

■表1.6.2　低温のための工学技術■

低温の範囲	工学技術	装置・物質など
室温　〜−100℃	冷凍工学	空調装置、冷凍装置、各種冷媒
−100℃〜−210℃	低温工学	LNG、液体酸素、液体窒素
−250℃〜−260℃		液体水素
−269℃〜−273℃		液体ヘリウム

1-7 環境と冷凍空調

私たちを身近で支える冷凍空調は、世界の隅々にまで普及し続けています。そのため、今日、私たちが直面する環境問題と密接に関係しています。環境問題と冷凍空調の関係を調べてみましょう。

成層圏オゾン層破壊の原因となる冷媒がある

1930年代のフルオロカーボン冷媒の出現は安全な冷凍機や空調機の普及に大いに貢献しました。しかし、フルオロカーボン冷媒の中で、**クロロフルオロカーボン**（CFC；Chlorofluorocarbon）および**ハイドロクロロフルオロカーボン**（HCFC；Hydrochlorofluorocarbon）とよばれる冷媒は、その分子に塩素原子を含む物質です。図1.7.1のように、この塩素が成層圏オゾンを破壊する原因のひとつとなることが明らかになっています。大気中に放出され成層圏に到達したCFCやHCFCは、そこで太陽からの強い紫外線によって分解し、塩素が放出されます。塩素は触媒としてオゾンと反応し、成層圏オゾンを破壊するというメカニズムが明らかにされています。

これを受けて、塩素を多く含み、**オゾン破壊係数**（ODP；Ozone depletion potential）の大きなR 11、R 12、R 114などのCFCは、冷媒としては有能で

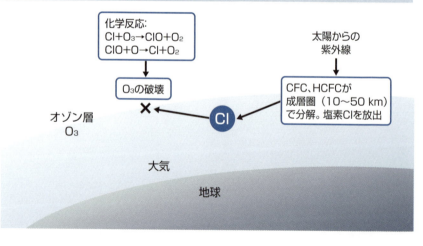

■図 1.7.1　CFC冷媒、HCFC冷媒によるオゾン層の破壊■

あるけれども、成層圏オゾンの保護を目的として、先進国を中心とした国際的な規制の下に、わが国では1995年末で全廃されました。R 22やR 123などのHCFC冷媒は規制対象となったCFC冷媒の代替冷媒として使用されていますが、小さいけれどもオゾン破壊係数をもつため、欧州の一部の国では2000年から、わが国を含む先進国では2004年から段階的に使用および生産規制が始まり、2020年には全廃される計画です。

温室効果の大きい冷媒がある

R 134a、R 32、R 125などの冷媒は**ハイドロフルオロカーボン**（HFC；Hydrofluorocarbon）とよばれます。HFCおよびそれらの混合冷媒は分子内に塩素原子を含まないためオゾン層破壊の原因にはならないので、規制を受けたCFC冷媒の代替として使われています。ところが、これらのHFC冷媒およびHCFC冷媒は、二酸化炭素の数百倍から数千倍の**地球温暖化係数**（GWP；Global warming potential、CO_2を1とする）をもつため、国際連合の気候変動に関する政府間パネル（IPCC；Intergovernmental Panel on Climate Change）によって**温室効果ガス**として分類されています。IPCCによれば、二酸化炭素やメタンほどではありませんが、フルオロカーボン冷媒は地球温暖化に少なからず影響を与えることが指摘されています（図1.7.2）。

■図1.7.2　大気中の温室効果ガスの地球温暖化への影響割合■

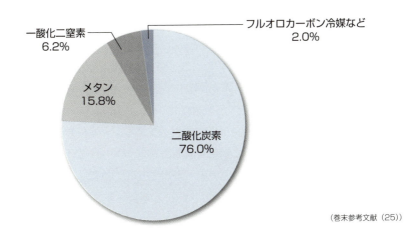

（巻末参考文献（25））

これを受けて、わが国でも地球温暖化防止の観点から、HFCの大気への放出を減らすために冷媒回収を義務化すること、炭化水素、アンモニア、二酸化炭素など、すでに自然界に存在する物質を冷媒として使用することなどの試みが始められています。

ヒートアイランドと冷凍空調

都市部の高温化は**ヒートアイランド現象**とよばれ、とくに大都市での大きな環境問題となっています。ヒートアイランド現象は、建物やアスファルトによる土砂や緑地の減少などの他に、大規模で高層の事務所ビルや住宅などの建物から放出される熱の増加も原因のひとつとされています。建物から放出される熱の大部分は冷凍空調機から放出される熱であるといわれています（図1.7.3）。

ヒートアイランド化が進むと、冷房の需要がますます増加し、建物からの排熱の増加を招いて、ヒートアイランド化がさらに加速されるという悪循環が起こりえます。このような観点から、冷凍空調は大都市のヒートアイランド化と密接に関係しています。

省エネルギーと冷凍空調

最も広く普及して活躍している蒸気圧縮冷凍機および空調機は、低温を持続して作り出すために圧縮機でエネルギーを消費します。圧縮機は通常、電気モータで動かされますので、冷凍機および空調機は、電力を消費してその目的を達成します。

2018年版エネルギー白書によると、2016年度、わが国の最終エネルギー消費は$13,321 \times 10^{15}$ Jです。このうち企業・事業所他が62.2%、運輸が23.4%、残りの14.4%が家庭で消費されています（図1.7.4）。私たちのライフスタイルの変化に伴い、とくに家庭および運輸のエネルギー消費が増加傾向にあります。企業・事業所他と家庭の合計のエネルギー消費のうち、最終エネルギー消費全体の25.2%に相当する$3,356 \times 10^{15}$ Jという膨大なエネルギーが電力の形で消費されています。この大量の電力消費は、全国の住宅や事務所・事業所ビルの照明、給湯、事務機器、家電製品などとともに冷凍空調機によってなされています。

わが国の電力は、その大部分を一次エネルギーとしての石油、石炭、天然ガスを燃やし、二酸化炭素を排出しながら作り出され供給されています。したがって、省エネルギーの推進や地球温暖化の防止という観点から、電力を消費して休むことなく働き続ける冷凍空調機には、より高い性能（成績係数）をもつこと、よりスマートな運転をすることが、常に求められています。

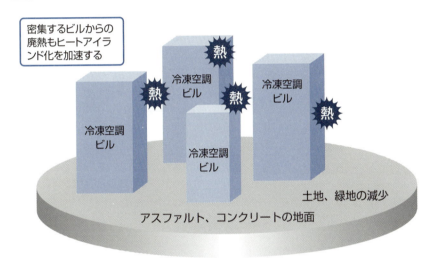

■図 1.7.3　ヒートアイランドと冷凍空調■

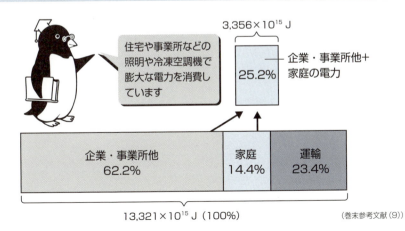

■図 1.7.4　2016年度の日本の最終エネルギー消費の割合■

(巻末参考文献(9))

MEMO

冷凍空調のための熱力学の基礎

　冷凍空調の仕組みを学ぶために冷凍サイクルの理解が必要です。冷凍サイクルでは、作動流体である冷媒が、蒸発、凝縮、圧縮、膨張などの状態変化をしながら、熱や仕事の授受を繰り返すことによって、低温が作り出されます。第2章では、冷凍サイクルをよりよく理解するために、熱力学の基礎を固めましょう。

2-1 物体の熱力学状態は状態量で表される

冷凍機の中ではたらく冷媒は、熱や仕事をやり取りして、その熱力学状態を変化させます。逆に、冷媒は状態変化することによって、熱や仕事をやり取りします。ここではまず、温度、圧力、比体積などの基本的な熱力学状態量を取り上げます。

熱力学状態量とは

物体の熱力学的な状態を表す量が**状態量**です。温度 T、圧力 P、体積 V などは代表的な熱力学状態量 (以下、状態量という) です。

たとえば、温度で状態量の特徴を説明しましょう。図2.1.1を見てください。ある状態1の温度を T_1、ある状態2の温度を T_2 とします。状態1から状態2までいくつかの異なる経路に沿った変化が起こったとしても、状態1から状態2までの温度の変化量 (温度差) は、同じ $\Delta T = T_2 - T_1$ です。つまり、温度の変化量は、物体の状態にのみに依存し、変化の経路aまたはbに無関係です。状態1からサイクル的な変化が起こり、もとの状態1に戻るとすれば、当然、$\Delta T = T_1 - T_1 = 0$ となります。このことは、温度ばかりでなく、すべての状態量についていえることです。

ところで、状態量同士はお互いに関係しています。その状態量のあいだの関係を表す式を**状態式**といいます。

■図 2.1.1 状態量の変化量は変化の経路に関係しない■

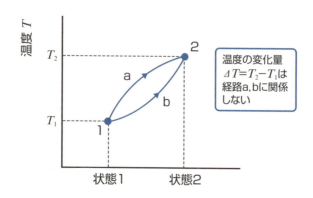

温度

物体の寒冷の度合いを表す尺度が**温度**です。温度が等しい物体は互いに熱平衡にあり、互いに熱平衡にある物体の温度は等しくなります。温度は、物体の長さ、体積、電気抵抗、熱起電力など、温度によって変化する物理量を利用して測定されます。

温度の単位は温度目盛の種類によります。**絶対温度**（熱力学温度でもある、量記号が T）のSI単位はK（ケルビン）です。°Kとは書きません。絶対温度 T[K]と日常的に使われる**摂氏（セルシウス）温度** t[℃]との間には次の関係が厳密に成り立ちます。

$$T = t + 273.15 \qquad 式（2.1.1）$$

T と t の関係は図2.1.2のとおりです。摂氏温度0℃は273.15 Kに等しく、絶対零度0 Kは－273.15℃となります。

ところで、温度の差は、式(2.1.1)でわかるように、Kで表しても℃で表しても同じです。すなわち、温度差の1 Kは温度差1℃です。冷凍空調分野では、使い慣れている摂氏温度目盛で温度の値を表記することが多くみられます。ただし、温度差が関係する**比熱** c、絶対温度で定義される**比エントロピー** s などの単位の表記には、kJ/(kg·K)のように、℃ではなくKが使われます。また、熱力学状態量の計算には、通常、絶対温度 T[K]が使われることに注意しましょう。

■図2.1.2　絶対温度と摂氏温度■

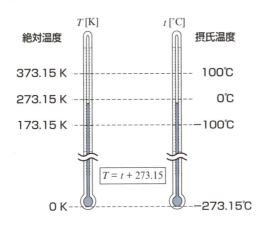

圧力

圧力は単位面積あたりの力を表す状態量です。圧力の記号はP、そのSI単位はPaです。「パスカル」と読みます。$1\ Pa = 1\ N/m^2$です。気象の分野でよく使われている1 barは、ちょうど10^5 Paに相当します。

標準大気圧1 atmは、

$1\ atm = 760\ mmHg = 1.03323\ kgf/cm^2 = 1.01325\ bar = 1.01325 \times 10^5\ Pa$

です。一方、1 Paは、

$1\ Pa = 10^{-5}\ bar = 0.98692 \times 10^{-5}\ atm = 1.01972 \times 10^{-5}\ kgf/cm^2$

このように、1 Paは非常に小さな圧力であることがわかります。$1\ atm = 1.01325 \times 10^5\ Pa = 101.325\ kPa = 0.101325\ MPa$のように、$10^3$ Paを表すkPa、10^6 Paを表すMPaがよく使われます。

大気圧より高い圧力は圧力計で測ります。一方、大気圧より低い圧力は真空計で測ります。圧力計や真空計の目盛が大気圧P_0を基準に作られている場合、圧力計や真空計で測った圧力や真空度の読みを**ゲージ圧**P_{gage}とよんでいます。絶対真空を基準にした圧力は**絶対圧**P_{abs}といいます。これら三者の関係を図2.1.3に、関係式を以下に示します。

■図2.1.3 ゲージ圧と絶対圧■

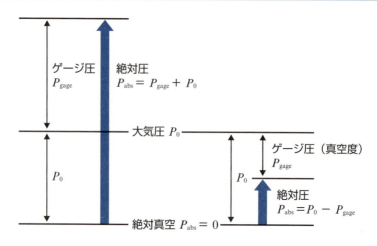

大気圧より高い場合　$P_{abs} = P_{gage} + P_0$　　　　　　　式 (2.1.2)

大気圧より低い場合　$P_{abs} = P_0 - P_{gage}$　　　　　　　式 (2.1.3)

　熱力学状態量の計算には絶対圧が使われます。大気圧以上の圧力がケージ圧で与えられている場合には、絶対圧を得るために大気圧 P_0（およそ 101 kPa）を加えることに注意しましょう。

単位質量 1 kg あたりの体積を比体積という

　図2.1.4のように、状態量は二つに分類されます。温度 T や圧力 P のように、物体の質量に無関係な状態量を**示強性状態量**といいます。一方、体積 V や、後述する内部エネルギー U、エンタルピー H、エントロピー S などのように、物体の質量に比例する状態量は**示量性状態量**といいます。これら示量性状態量は、物体の質量 m[kg] で割り、1 kgあたりの量として取り扱われることがよくあります。一般的に、1 kgあたりの示量性状態量は**比状態量**とよばれ、同じ小文字の記号が使われます。この例を以下に示します。

体積 V[m³]　　　　　　　比体積 $v = V/m$[m³/kg]

内部エネルギー U[J]　　　比内部エネルギー $u = U/m$[J/kg]

エンタルピー H[J]　　　　比エンタルピー $h = H/m$[J/kg]

エントロピー S[J]　　　　比エントロピー $s = S/m$[J/(kg・K)]

　ところで、単位体積あたりの質量を**密度** ρ[kg/m³] といいます。密度 ρ と比体積 v とはお互いに $\rho = 1/v$ の関係にあります。また、比体積は比容積とよばれることがあります。

■図 2.1.4　状態量の分類■

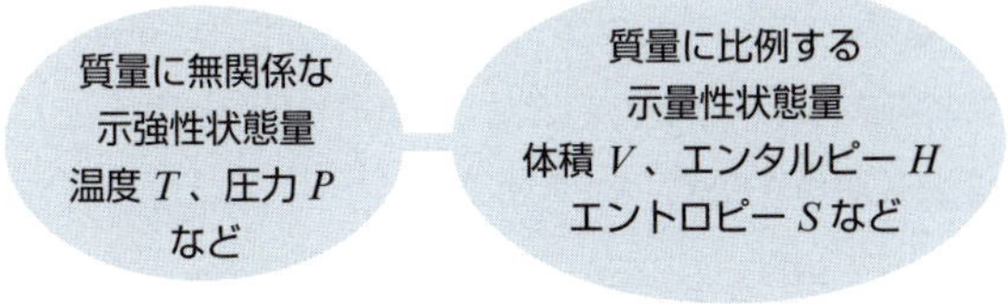

質量に無関係な
示強性状態量
温度 T、圧力 P
など

質量に比例する
示量性状態量
体積 V、エンタルピー H
エントロピー S など

2-2 熱量—見える熱と見えない熱

物体を冷やすということは、物体から熱を奪うことです。熱、熱量の単位、見える熱と見えない熱について説明します。

熱量の単位と換算

　熱は物体を構成する分子や原子の不規則な運動のエネルギーです。また、熱は、温度の高いところから低いところにひとりでに流れるエネルギーであるともいえます。熱量のSI単位は、J（ジュール）です。その大きさによって、kJ（キロジュール）やMJ（メガジュール）が使われます。1Jとは、ある物体に1Nの力を作用させて1m動かすときの（力学的）仕事に相当します。また、毎秒1Jを発生する動力（仕事率）は1J/s＝1W（ワット）です。したがって、1J＝1N·m＝1W·sという関係が成り立ちます。SI単位では熱量も仕事量も区別なく同じJ（ジュール）の単位で表されます。物体に出入りする熱は、物体の温度や圧力と異なり、物体の変化の経路に関係しますので状態量ではありません。

　従来使われていた熱量の単位にカロリー（cal）があります。標準大気圧のもとで純水1kgを14.5℃から15.5℃まで1℃（1K）だけ上昇させるのに要する熱量は15℃カロリーとよばれ、1 $cal_{15℃}$＝4.1855 Jです。また、国際カロリーは、1 cal_{IT}＝4.1868 Jと定められています。4.1868 J/calITを**熱の仕事当量**、その逆数1/4.1868 cal_{IT}/Jを**仕事の熱当量**とよぶことがあります。熱量の単位と換算を図2.2.1にまとめました。

顕熱と潜熱

　ある物体に熱を与えたり、熱を除いたりすることによって、物体の温度が変わります。このように物体に出入りする熱が温度変化となって目に見えるとき、その熱を**顕熱**といいます。目には見えないエネルギーとしての熱が、温度の変化となって現れる（顕れる）ことはありがたいことです（図2.2.2）。

　一方、大気圧のもとで水に熱を加えると、水は100℃一定（厳密には標準大気圧101.325 kPaのもとで99.974℃）のまま蒸発して水蒸気になります。水がすべて水蒸気に変化するまで熱を加え続けても温度は一定です。このとき

熱は液体の水から水蒸気（気体）への相変化に使われています。このように、物体の温度一定の相変化に使われる熱は、温度の変化として目で見ることができませんので、**潜熱**といいます（図2.2.2）。

蒸発に伴う潜熱を**蒸発熱**といいます。蒸発熱は、1 kgあたりの蒸発に要する熱、すなわち、J/kgまたはkJ/kgという単位で表されます。この他の潜熱には、融解に伴う**融解熱**、昇華に伴う**昇華熱**があります。

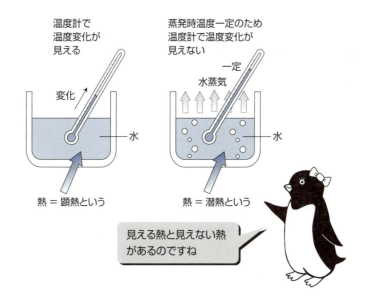

■図 2.2.1　熱量の単位と換算■

$1\,\text{J} = 1\,\text{N·m} = 1\,\text{W·s}$

SI単位ではみな同じ大きさの単位

$1\,\text{cal}_{IT} = 4.1868\,\text{J}$

（従来の単位）⇄（SI単位）

■図 2.2.2　顕熱と潜熱■

温度計で温度変化が見える
変化
水
熱 = 顕熱という

蒸発時温度一定のため温度計で温度変化が見えない
一定
水蒸気
水
熱 = 潜熱という

見える熱と見えない熱があるのですね

2-3 比熱―温まりやすい物は冷えやすい

物体の比熱は、その温まりやすさ温まりにくさを表します。熱量の計算に欠くことのできない比熱について、理解を深めましょう。

比熱とは

物体に加えられた熱量dQは、物体の質量mと物体の温度変化dTに比例します。この関係は、比例定数cを用いて次のように表されます。

$$dQ = cmdT \qquad 式(2.3.1)$$

ここで、比例定数cのことを**比熱**とよびます。比熱は、物体の種類により異なり、また厳密には同じ種類の物体でも温度や圧力によっても変化します。熱量dQ[kJ]、質量m[kg]、温度変化dT[K]とすると、比熱cの単位は、kJ/(kg·K)です。したがって、比熱とは、単位質量1 kgの物体の温度を1 K(=1℃)だけ上昇させるのに要する熱量に相当します。ところで、比熱cと質量mの積cmは、物体の温度を1 Kだけ上昇させるのに必要な熱量を表し、熱容量C[kJ/K]とよばれることがあります。

温まりやすい物は冷えやすい

次に、式(2.3.1)の温度変化dTを左辺において、次のように書き変えてみましょう。

$$dT = \frac{dQ}{cm} \qquad 式(2.3.2)$$

ここで、物体の質量mと加えた熱量dQを一定とすると、温度変化dTは比熱cに反比例していることがわかります。よって、同一質量の物体に同一の熱量を加減したとき、比熱cが小さいほど温度変化dTは大きくなることがわかります。したがって、「比熱の小さい物体は温まりやすく冷えやすい」、逆に「比熱の大きい物体は温まりにくく冷えにくい」といえます。比較のため、表2.3.1にいろいろな物質の比熱の値を示します。

■表 2.3.1　いろいろな比熱

固体（金属）	アルミニウム（101 kPa, 300 K）	0.898 kJ/(kg・K)
	銅（101 kPa, 300 K）	0.384 kJ/(kg・K)
液体	水（101 kPa, 293.15 K）	4.185 kJ/(kg・K)*
	エタノール（101 kPa, 298 K）	2.422 kJ/(kg・K)*
	R 134a 飽和液（703 kPa, 300 K）	1.432 kJ/(kg・K)*
気体	水蒸気（101 kPa, 373.15 K）	2.074 kJ/(kg・K)*
	R 134a 飽和蒸気（703 kPa, 300 K）	1.044 kJ/(kg・K)*
	空気（101 kPa, 300 K）	1.007 kJ/(kg・K)*

＊は定圧比熱

二つの比熱

熱を加える条件により、比熱の値は異なります。圧力 P 一定の条件で熱 $(dQ)_\mathrm{P}$ を与える場合、**定圧比熱** c_P とよび、次式で定義されます。

$$c_\mathrm{P} = \frac{(dQ)_\mathrm{P}}{mdT} \qquad 式(2.3.3)$$

一方、体積 V 一定の条件で熱 $(dQ)_\mathrm{V}$ を与える場合、**定積比熱** c_V とよび、その定義は以下のとおりです。

$$c_\mathrm{V} = \frac{(dQ)_\mathrm{V}}{mdT} \qquad 式(2.3.4)$$

体積一定のもとでの加熱量はすべて物体の温度上昇に費やされますので、定積比熱 c_V は定圧比熱 c_P よりも常に小さくなります。定積比熱 c_V に対する定圧比熱 c_P の比 $\kappa = c_\mathrm{P}/c_\mathrm{V}$ は、**比熱比**とよばれます。比熱比 κ はいつも1より大きく、たとえば、空気の比熱比 κ はおよそ1.4です

熱量の計算

比熱 c が一定の場合には、式(2.3.1)から、質量 m の物体の温度を T_1 から T_2 まで上昇させるのに要する熱量 Q_{12} は、次式によって容易に計算することができます。

$$Q_{12} = cm(T_2 - T_1) \qquad 式(2.3.5)$$

2-4 熱力学の第一法則― エネルギーは保存される

エネルギーにはさまざまな形態があります。そのなかで、熱と力学的仕事とは、形はちがうが同じエネルギーです。エネルギー保存の法則である熱力学の第一法則について学びます。

■ 熱と仕事は同等

熱力学の第一法則は、広い意味で、熱を含めた種々のエネルギーの保存の法則（エネルギー不滅の法則）であり、物理学の基本法則です。考えるエネルギーを熱 Q と力学的仕事（力学的エネルギーと同じ）W とします（図2.4.1）。すると、熱力学の第一法則は、「熱と力学的仕事はともにエネルギーの一形態であって、熱を力学的仕事に変えることもまたその逆も可能である」と表現することができます。この法則は、熱と仕事の同等性、すなわち、仕事は熱に変換できるし、熱は仕事に変換できることを保証しています。熱を仕事に変換する熱機関、逆に仕事を熱（高温・高圧の状態）に変換する圧縮機がそれぞれの目的を達成できるのは、熱力学の第一法則のおかげです。

■図 2.4.1　熱力学第一法則■

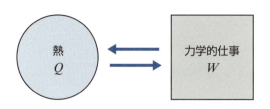

熱と力学的仕事は形は違うが同じエネルギー、
だから互いに変換できる

内部エネルギーとは

　運動エネルギーや位置エネルギーの力学的エネルギーを無視するとき、物体のもつエネルギーは物体の内部に蓄えている熱です(図2.4.2)。物体の内部に蓄えられている熱を**内部エネルギー**といいます。内部エネルギーは、温度や圧力などと同様に、物体の熱力学状態を表す状態量です。内部エネルギーと温度とはお互いに関係しています。一般に、内部エネルギーが増加すれば温度は上がり、内部エネルギーが減少すれば温度は下がります。

　質量m[kg]の物体のもつ内部エネルギーをU[J]または[kJ]で表します。質量1 kg当たりの内部エネルギーを**比内部エネルギー**とよび、$u=U/m$[J/kg]または[kJ/kg]で表します。

■図2.4.2　内部エネルギー■

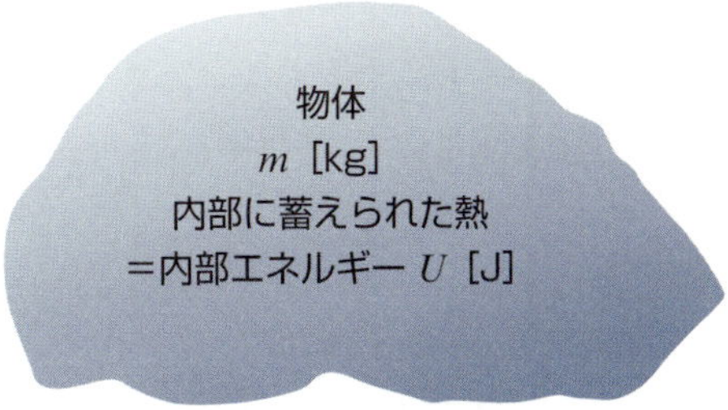

物体
m [kg]
内部に蓄えられた熱
＝内部エネルギー U [J]

比内部エネルギー $u = \dfrac{U}{m}$ [J/kg]

閉じた系の熱力学第一法則の式

　図2.4.3のように、摩擦のないピストンーシリンダに閉じ込められている気体に熱Q_{12}[J]を加えたとしましょう。熱は気体に蓄えられ、気体の温度を上げ、気体の内部エネルギーをU_1からU_2まで変化させ、$\Delta U = U_2 - U_1$[J]だけ増加させます。同時に、気体は膨張してピストンを押し上げ、周囲に仕事(絶対仕事という)W_{12}[J]をします。すなわち、加えられた熱Q_{12}は、内部エネルギーの増加ΔUと仕事W_{12}になるのです。加えられた熱のゆくえを考えると、エネルギー保存の法則から次式が成り立ちます。

$$Q_{12} = \Delta U + W_{12} \qquad 式(2.4.1)$$

ただし、熱は系（気体）に入るときに正（＋）、仕事は系（気体）が周囲（ピストン）にするときに正（＋）としています。この式は、物体が出入りすることなく周囲と熱と仕事をやり取りする閉じた系に対する熱力学第一法則の式とよばれています。ここで、熱や仕事は状態変化の経路に関係しますので、状態量ではないことに注意しましょう。

■図 2.4.3　閉じた系の熱力学第一法則の式■

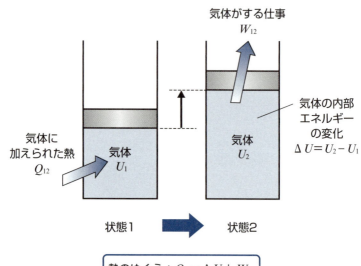

熱のゆくえ： $Q_{12} = \Delta U + W_{12}$

熱力学の第1法則は、熱を含めたエネルギーの保存則です

2-5 気体がする仕事—膨らんで押す

気体が熱をもらうと、熱力学第一法則にしたがって、温度が上昇しながら膨張し、周囲に力学的仕事をします。ここでは、気体が周囲にする仕事の中身について調べましょう。

気体がする仕事

熱力学では、一般に渦や摩擦による損失を含まない理想的な変化である**可逆変化**（準静的変化ともいう）を取り扱います。気体が可逆的に膨張するときに周囲にする仕事を求めてみます。

圧力P[Pa]の気体が断面積A[m²]のピストンを非常にゆっくり微小な変位dL[m]だけ押すとき、気体がピストンにする微小な仕事dW[J]を考えます（図2.5.1）。気体がピストンにする微小な仕事dWは、力F×微小な変位dLです。また、気体がピストンを押す力Fは、圧力P×断面積Aです。断面積A×微小な変位dLは、気体の微小な体積変化dVに等しいので、dWは次式のように表されます。

$$dW = FdL = PAdL = PdV \qquad 式(2.5.1)$$

■図2.5.1　気体がする仕事■

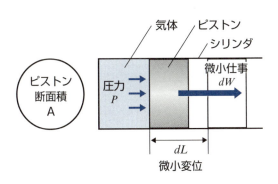

仕事は PV 線図上の面積で表される

次に、図2.5.2に示すように、気体が状態1から状態2まで可逆的に膨張するときにする仕事 W_{12}[J]を求めてみましょう。

気体が周囲にする仕事（**絶対仕事**という）W_{12} は、以下に示すように、数学的には微小な仕事 $dW=PdV$ を積分することによって得られます。その結果、絶対仕事 W_{12} はちょうど PV 線図上に示された状態1から2までの経路の下の面積と等しくなります。

$$W_{12} = \int_1^2 PdV = PV \text{ 線図上の面積12ba1} \qquad 式(2.5.2)$$

図2.5.2の PV 線図上の面積12dc1も気体がする仕事を表します。この面積で表される仕事は**工業仕事** W_t とよばれ、絶対仕事 W_{12} と区別します。微小な工業仕事は、$dW_t=-VdP$ として定義されます。工業仕事 W_t と絶対仕事 W_{12} の間には、運動エネルギーや位置エネルギーの変化を無視できるとき、$W_t=W_{12}+P_1V_1-P_2V_2$ という関係が成り立ちます。後述する理想気体が等温変化する特別な場合には、$W_t=W_{12}$ となります。

■図 2.5.2　仕事は PV 線図上の面積で表される■

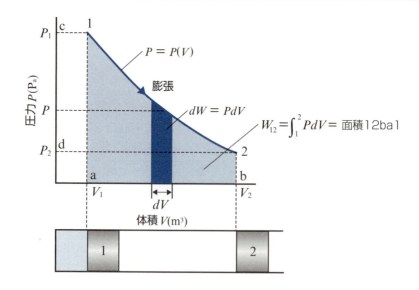

2-6 エンタルピーとは何だろう

流れる物体の保有する熱エネルギー状態はエンタルピーという状態量で表されます。冷凍装置の中で使われる冷媒のエンタルピーまたは比エンタルピーは、冷凍サイクルを詳しく調べるのに必要不可欠な状態量です。

エンタルピーの定義

質量 m [kg]の物体の**エンタルピー** H は、内部エネルギー U と PV（圧力 P と体積 V の積）の和として次のように定義されます。

$$H = U + PV \qquad 式(2.6.1)$$

エンタルピーは、内部エネルギーが状態量であるのと同じように、物体の熱エネルギー状態を表す状態量となります。その単位はJまたはkJです。エンタルピーの定義式に表れる PV は、流れにともない物体（流体）が内部エネルギーといっしょにもつエネルギーで、**流れ仕事**とよばれます。

質量1kgあたりのエンタルピーは、**比エンタルピー**とよばれ、次式で表されます。

$$h = u + Pv \qquad 式(2.6.2)$$

ここで、$h=H/m$、さらに、$u=U/m$ は比内部エネルギー、$v=V/m$ は比体積です。比エンタルピー h の単位はJ/kgまたはkJ/kgです。ちなみに、「エンタルピー」の語源は、ギリシャ語の「熱容量」を意味する言葉であるといわれています。

2-6 エンタルピーとは何だろう

定常流れ系とエンタルピー

流体が管の1から2までを流れる間になんら仕事をしないで熱だけをもらう単純な定常流れ系（$\dot{m}$[kg/s]一定）を考えてみましょう（図2.6.1）。ここでは、位置エネルギーや運動エネルギーの変化も無視できるものとします。この定常流れ系のエネルギー収支は次のように簡単に表されます。

$$\dot{m}h_1 + \dot{Q}_{12} = \dot{m}h_2 \qquad 式(2.6.3)$$

すなわち、

$$\dot{Q}_{12} = \dot{m}h_2 - \dot{m}h_1 = \dot{m}(h_2 - h_1) = \dot{m}\varDelta h = \varDelta \dot{H} \qquad 式(2.6.4)$$

これにより、流体に加えられた熱量 $\dot{Q}_{12}$[J/s] は、流体のエンタルピー変化（増加）$\varDelta \dot{H}$[J/s] で表されることがわかります。

■図2.6.1　定常流れ系とエンタルピー■

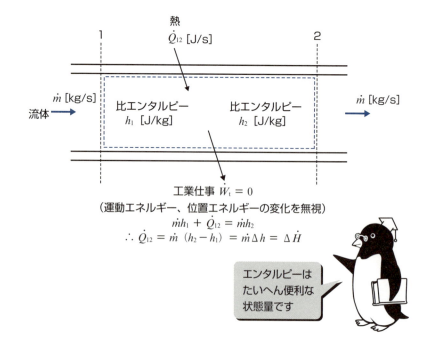

エンタルピーはたいへん便利な状態量です

絞り過程は等エンタルピー変化である

流体が弁などの狭まった流路を通過するとき、流体には摩擦や渦の発生による損失のため圧力降下を生じます（図2.6.2）。流路が十分断熱され、周囲と熱のやり取りをしない場合、この変化を**絞り過程**または簡単に**絞り**とよびます。絞り前後の状態を1および2とします。絞りの前後に、外部との熱 $\dot{Q}_{12}$ および仕事 $\dot{W}_t$ の交換はなく、位置エネルギー変化および運動エネルギーを無視できるとすると、

$$h_1 = h_2 \qquad 式(2.6.5)$$

が成立します。これは、絞りの前後で流体の比エンタルピーが一定に保たれることを意味します。すなわち、絞り過程は**等比エンタルピー変化**（または等エンタルピー変化）として扱えることがわかります。冷凍サイクルの膨張弁前後における冷媒の状態変化は絞り過程（絞り膨張）とみなされ、等比エンタルピー変化として扱われます。

■図2.6.2 絞り過程は等比エンタルピー変化（等エンタルピー変化）である■

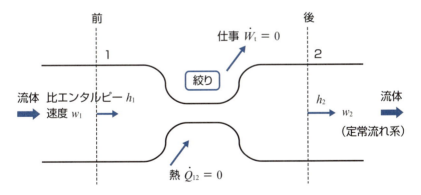

位置エネルギーを無視すると、定常流れ系のエネルギー式は、
$$h_1 + \frac{w_1^2}{2} = h_2 + \frac{w_2^2}{2}$$
さらに運動エネルギーを無視（$h_1, h_2 \gg w_1^2/2, w_2^2/2$ のとき）できるとすると、

$h_1 = h_2$ （等比エンタルピー変化）

2-7 熱力学の第二法則—熱の本性

熱力学の第二法則は熱のもつ本来の性質について経験的に導かれた法則です。その法則は広く自然界に起こる変化の方向性や不可逆性について説明するためにも用いられます。ここでは、熱力学の第二法則の二つの表現を紹介します。

熱の本性は熱力学の第二法則による

熱力学の第一法則は熱と仕事が同じエネルギーであり、お互いに変換できることを表しています。ところが、仕事から熱への変換には制限はないのに熱から仕事への変換には制限があります。また、熱はひとりでに高温から低温に移動し、その逆はひとりでに起こることはありません。このような熱がもつ本来の性質は**熱力学の第二法則**によって表されています。

ケルビンとプランクによる表現

ケルビンとプランクは熱力学の第二法則を次のように表現しました。

「自然界になんらの変化を残さないで一定温度の熱源からの熱を継続して仕事に変える機械はない」

これは、高温熱源からの熱はその一部のみを仕事に変換できるのであって、残りの熱は必ず低温熱源に捨てなければならないという宿命をもつことを表現しています。図2.7.1 (a)のように、高温熱源から熱をもらい、その一部を仕

■図 2.7.1　ケルビンとプランクによる熱力学第二法則の表現■

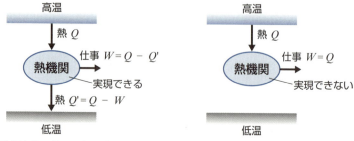

(a) 高温熱源からの熱の一部を継続的に仕事に変え、残りを低温熱源に捨てる熱機関は実現できる

(b) 低温熱源へ熱の一部を捨てることなく、高温熱源からの熱をすべて仕事に変える熱機関は実現できない

事に変換し、残りの熱を低温熱源に捨てる熱機関は存在できますが、(b)のように、低温熱源に一部の熱を捨てることなく高温熱源からの熱を100%仕事に変える熱機関は実現不可能なのです。事実、自動車のガソリンエンジンでは、ガソリンの燃焼熱の一部が仕事に変えられ、残りは燃焼ガスとともに大気に捨てられています。力学的仕事は摩擦などによってすべて熱に変わることができますが、熱はその一部分のみしか力学的仕事に変えることができないのです。

クラウジウスによる表現

クラウジウスによる熱力学の第二法則の表現は次のとおりです。

「自然界に何らの変化を残さないで熱を低温の物体から高温の物体に継続して移動させる機械はない」

この表現は、低温物体から高温物体に熱を継続して移す機械（冷凍機またはヒートポンプ）には何らかのエネルギー（力学的仕事）を使わなければならないことを意味しています。すなわち、図2.7.2(a)のような冷凍機は実現可能ですが、(b)のように、エネルギーを使わないで低温熱源から高温熱源に熱を移動させる冷凍機は実現することはできないのです。現実の冷凍機は電気モータや熱機関による力学的仕事を使って圧縮機を運転し、冷媒の状態変化を利用して継続的に低温から高温に熱を移動させています。このように、冷凍機（またはヒートポンプ）は熱力学の第二法則を文字通り具現化した装置であるといえます。

図 2.7.2 クラウジウスによる熱力学第二法則の表現

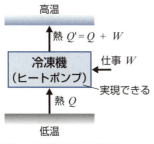
(a) 仕事を使って低温熱源から高温熱源に継続して熱を移す冷凍機は実現できる

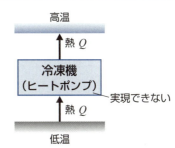
(b) 仕事を使わず低温熱源から高温熱源に継続して熱を移す冷凍機は実現できない

2-8 熱機関と冷凍機のサイクルを比べよう

ここでは、熱機関の理想的なサイクルであるカルノーサイクル、冷凍機の理想的なサイクルである逆カルノーサイクルを比べながら、それぞれのサイクルに対する熱力学第二法則の制約を理解しましょう。

■ 熱機関とカルノーサイクル

図2.8.1 (a) のように、作動流体が1サイクルを行う間に、高温熱源から熱 Q_1 をもらい、低温熱源に熱の一部 Q_2 を捨て、外部に仕事 W を発生する機械を一般的に**熱機関**といいます。この熱機関の性能は、次式で示される**熱効率**で評価されます。

$$\eta = \frac{W}{Q_1} \qquad 式(2.8.1)$$

■図 2.8.1　熱機関と冷凍機■

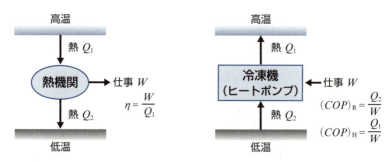

(a) 熱機関の熱効率 η

(b) 冷凍機およびヒートポンプの成績係数 $(COP)_R$、$(COP)_H$

さて、ある与えられた高低両熱源の間で働く熱機関サイクルの中で、高温熱源から熱をもらい最大の仕事を取り出すことのできるサイクルは、カルノーによってはじめて提示されたので、**カルノーサイクル**とよばれています。カルノーサイクルを図2.8.2 (a) のように PV 線図上に示します。カルノーサイクルは理想的な可逆サイクルです。これに近づくことはできても実現することはできません。カルノーサイクルでは、作動ガスは、高温熱源 T_1 からの等温受熱

Q_1・膨張（1➡2）、断熱膨張（2➡3）、低温熱源 T_2 への等温放熱 Q_2・圧縮（3➡4）、断熱圧縮（4➡1）という４つの可逆変化を繰り返します。カルノーサイクルの熱効率は、作動ガスの種類によらず両熱源の絶対温度のみで決まり、その両熱源温度の間で働く熱機関サイクルの中で最大となり、次式で与えられます。

$$\eta_C = \frac{W}{Q_1} = 1 - \frac{T_2}{T_1} \qquad \text{式 (2.8.2)}$$

W は１サイクルのあたりの仕事で、PV 線図上ではサイクルが囲む面積に相当します。

ここで、高温熱源 1000 K、低温熱源 500 K で働くカルノーサイクル熱機関の理論熱効率を求めてみます。

$$\eta_C = 1 - \frac{T_2}{T_1} = 1 - \frac{500}{1000} = 0.5$$

これは、この与えられた両熱源温度の間で熱を仕事に変換できる割合は、最大 50％までであるということを教えてくれています。

冷凍機と逆カルノーサイクル

図 2.8.1（b）のように、作動流体が１サイクルあたり仕事 W を消費（マイナスの仕事を）して、低温熱源から熱 Q_2 を奪い、高温熱源に熱 $Q_1 = Q_2 + W$ を運ぶ装置を一般的に**冷凍機**（または**ヒートポンプ**）といいます。したがって、冷凍機の作動流体は熱機関とは逆向きのサイクル変化を行います。冷凍機としての性能は、次の**成績係数** $(COP)_R$ とよぶ比の値によって評価します。

$$(COP)_R = \frac{Q_2}{W} \qquad \text{式 (2.8.3)}$$

つまり、冷凍機の場合には仕事を使って低温熱源からどれだけ熱を奪えるかを問題にします。一方、高温熱源にどれだけの熱を運べるかということに注目する装置は**ヒートポンプ**とよばれ、その成績係数 $(COP)_H$ は次のとおりです。

$$(COP)_H = \frac{Q_1}{W} \qquad \text{式 (2.8.4)}$$

次に、図 2.8.2（b）に示したように、作動ガスがカルノーサイクルと逆向きの状態変化をする**逆カルノーサイクル**を考えてみます。すると、この逆向きの

サイクルはある与えられた高低両熱源の間で働く冷凍機としての理想的なサイクルとなります。

カルノーサイクルと同様に、逆カルノーサイクルで働く冷凍機を実現することは困難です。実際の冷凍機のサイクルとして最もよく使われているのは、蒸気圧縮冷凍サイクルです。

いま、逆カルノーサイクルがサイクルあたり仕事Wを消費して、低温熱源T_2から熱Q_2を奪い、高温熱源T_1に熱Q_1を運ぶものとしましょう。逆カルノーサイクル冷凍機の成績係数は、カルノーサイクルと同様、両熱源の絶対温度のみで表され、その両熱源の間で働くあらゆる冷凍サイクルの中で最大となります。

$$(COP)_{R.C} = \frac{Q_2}{W} = \frac{Q_2}{Q_1 - Q_2} = \frac{T_2}{T_1 - T_2} \qquad 式(2.8.5)$$

ここで、高温熱源T_1=40℃=313.15 Kおよび低温熱源T_2=－20℃=253.15 Kの間で働く逆カルノーサイクル冷凍機の成績係数を以下に計算してみます。温度の単位にはKを用います。

$$(COP)_{R.C} = \frac{T_2}{T_1 - T_2} = \frac{253.15}{313.15 - 253.15} = 4.2$$

私たちは、この二つの熱源温度の間で、4.2を超える成績係数で作動する冷凍機を実現することはできません。

式(2.8.5)は、高温熱源の温度T_1が周囲の温度と同じで一定であるとするとき、低温熱源の温度T_2が小さくなればなるほど、逆カルノーサイクル冷凍機の成績係数は小さくなることを教えてくれます。つまり、より低い温度を実現しようとすると、原理的に冷凍サイクルとしての性能は低下し、より多くの仕事が必要になることがわかります。

冷凍サイクルは左回り

熱機関では、作動流体がサイクル変化して、1サイクルあたり周囲にする正味の仕事は正の値です。したがって、図2.8.3(a)のように、PV線図に表した熱機関のサイクルはいつも右回りです。サイクルあたりの作動流体が周囲にする仕事W＝面積1a2dc1－面積2b1cd2ですから、これが正の値であるためには熱機関サイクルの向きはいつも1➡a➡2➡b➡1のように右回りでなければなりません。

一方、図2.8.3(b)に示すように、冷凍機では、作動流体（冷媒）はサイクル変化する間に外部から仕事を供給されます。つまり、作動流体がサイクルあたり外部にする正味の仕事は負の値となります。正味の仕事 $W=-$面積2a1cd2+面積1b2dc1が負の値であるためには、面積2a1cd2が面積1b2dc1より大きくなければなりません。したがって、サイクルの向きはいつも1➡b➡2➡a➡1のように左回りである必要があります。

このように、PV線図上の冷凍サイクルは必ず左回りとなることがわかります。後述するように、Ts線図やPh線図に表した冷凍サイクルの向きも、必ず左回りになっています。

■図2.8.2　カルノーサイクルと逆カルノーサイクル■

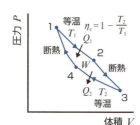
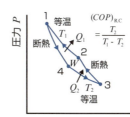

1→2:等温受熱・膨張
2→3:断熱膨張
3→4:等温放熱・圧縮
4→1:断熱圧縮

1→4:断熱膨張
4→3:等温受熱・膨張
3→2:断熱圧縮
2→1:等温放熱・圧縮

(a)カルノーサイクル（熱機関）　(b)逆カルノーサイクル（冷凍機・ヒートポンプ）

■図2.8.3　熱機関サイクルと冷凍サイクル■

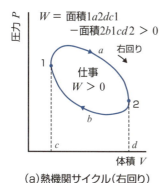
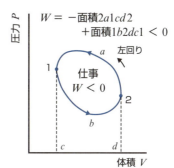

(a)熱機関サイクル（右回り）　　(b)冷凍サイクル（左回り）

2-9 エントロピーとは何だろう

エントロピーという状態量が新たに導入されて、熱力学の第二法則の内容を定量的に扱うことができるようになり、熱力学の第一法則と合わせて熱力学の基礎理論が確立しました。エントロピーは熱を含む自然界に起こる現象の不可逆性の尺度でもあります。ここでは、エントロピーという状態量の基本を学ぶことにします。

自然現象は不可逆変化で満ち満ちている

図2.9.1に示したように、高温の物体から低温の物体への熱の移動、摩擦による熱の発生、真空中への気体の膨張、水中へのインクの拡散など、身の回りに起こるこれらの現象は、もはやそのままひとりでにはもとに戻らない不可逆変化の代表です。自然界に起こるさまざまな現象はこのような不可逆変化で満ちあふれています。

エントロピーは熱現象を含む自然現象の不可逆性の尺度となる状態量です。エントロピーを用いると、「不可逆変化が起こるとエントロピーは増加し、逆にエントロピーの増加する方向に不可逆変化（自然現象）は起こる」と説明できます。また、エントロピーは物質の状態の乱雑さや無秩序さの指標でもあります。

ちなみに、「エントロピー」の語源は、ギリシャ語の「変化」を意味する言葉であるといわれています。

エントロピーは熱量を絶対温度で割ったもの

エントロピーを表す記号には S が使われます。絶対温度 T、可逆変化により物体に出入りする微小な熱量 dQ とすると、物体のエントロピーの変化 dS は次のように定義されます。

$$dS = \frac{dQ}{T} \quad (\text{可逆変化}) \qquad \text{式 (2.9.1)}$$

絶対温度 T は常に正の値ですから、可逆変化によって物体が熱を受けると（$+dQ$）、物体のエントロピーは増加（$dS>0$）します。逆に熱を捨てると（$-dQ$）、物体のエントロピーは減少（$dS<0$）します。

■図 2.9.1　不可逆変化のいろいろ■

高温から低温への熱移動

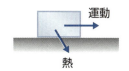
摩擦熱の発生

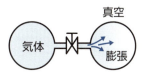
真空中への気体の膨張

水中へのインクの拡散

熱移動、摩擦、拡散などの不可逆変化はエントロピーを増加させます

「不可逆変化が起こるとエントロピーは増大する」
「エントロピーの増加する方向に不可逆変化は起こる」

熱dQが微小な不可逆変化により出入りするとき、式（2.9.1）は不等号で次のように表わされます。

$$dS > \frac{dQ}{T} \quad \text{（不可逆変化）} \qquad 式(2.9.2)$$

可逆変化を取り扱うとき、状態1から状態2までの具体的なエントロピー変化は、式（2.9.1）より、次のように求めることができます。

$$S = S_2 - S_1 = \int_1^2 \frac{dQ}{T} \qquad 式(2.9.3)$$

エントロピーという状態量は、熱量を絶対温度で割り算した量として定義されています。熱は変化の経路に依存するので状態量ではありません。しかし、

2-9 エントロピーとは何だろう

絶対温度で割り算すると、状態量ではない熱が状態量に変身するのです。エントロピーSの単位はJ/KまたはkJ/Kです。また、質量1 kgあたりのエントロピーは**比エントロピー**とよばれ、記号sが使われます。比エントロピーsの単位はJ/(kg·K)またはkJ/(kg·K)です。

■ 可逆断熱変化は等エントロピー変化である

いま、エントロピーと可逆断熱変化（熱の出入りのない変化）を考えてみます。$dQ=0$を式(2.9.1)に代入すると、

$$dS = \frac{dQ}{T} = \frac{0}{T} = 0 \qquad 式(2.9.4)$$

となります。すなわち、可逆断熱変化では、エントロピーの変化はゼロ、よってエントロピーの値は一定です。したがって、可逆断熱変化はエントロピー一定の変化、いいかえると、等エントロピー変化であるということができます。理論冷凍サイクルにおける圧縮機による冷媒蒸気の断熱圧縮は可逆断熱変化、すなわちエントロピー一定の等エントロピー変化として扱われます。

■ 熱量は TS 線図上の面積で表される

式(2.9.1)から、可逆変化による微小な熱量は次のように表されます。

$$dQ = TdS \qquad 式(2.9.5)$$

したがって、状態1から状態2までの具体的な可逆変化の間に出入りする熱量Q_{12}は、次の数学的操作によって求めることができます（図2.9.2）。

$$Q_{12} = \int_1^2 TdS = TS \text{線図上の面積12ba1} \qquad 式(2.9.6)$$

このように、熱量Q_{12}は、TS（温度－エントロピー）線図上において可逆変化の経路の下の面積として表されます。これは、可逆変化における仕事W_{12}がPV線図上の面積として表されたことと類似しています（図2.5.2参照）。

図 2.9.2　熱量は TS 線図上の面積で表される

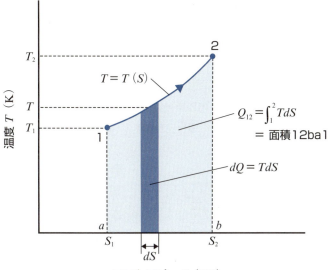

可逆変化では、系がする仕事が PV 線上の面積で表されるのと同様に、系に出入りする熱量は TS 線図上の面積で表されます

2-10 理想気体はシンプルだ

単純なモデルで取扱いの簡単な理想気体の状態式や状態変化について知ることにより、熱や仕事のやり取りによって起こる気体の状態変化に慣れましょう。

理想気体の状態式

理想気体では、圧力P[Pa]、比体積v[m³/kg]、絶対温度T[K]の状態量の間に、次式で表される関係が厳密に成り立ちます。

$$Pv = RT \qquad 式(2.10.1)$$

これを**理想気体の状態式**といいます。ただし、Rはガス定数とよばれ、気体の種類によって異なります。Rの単位はJ/(kg·K)で、比熱の単位と同じです。冷媒蒸気を含め多くの実在気体は、低圧のもとでは近似的に理想気体として取り扱うことができます。

理想気体の状態変化

理想気体の状態変化をPv線図に示します(図2.10.1)。図中に示された理想気体の4つの代表的な状態変化、(a)等圧変化、(b)等積変化、(c)等温変化、(d)可逆断熱変化の特徴はそれぞれ以下のとおりです。

- **(a)等圧変化**:$P=$一定の変化です。変化前後の状態量間の関係は理想気体の状態式より次のように表されます。

$$\frac{v}{T} = \frac{v_1}{T_1} = \frac{v_2}{T_2} \qquad 式(2.10.2)$$

圧力一定で熱を受けると、気体は膨張し、気体の温度は上昇します。

- **(b)等積変化**:$v=$一定の変化です。気体は周囲に何ら仕事をしません。比体積一定で熱を捨てると、気体の圧力および温度は減少します。変化前後の状態量間の関係は、次式で表されます。

$$\frac{P}{T} = \frac{P_1}{T_1} = \frac{P_2}{T_2} \qquad 式(2.10.3)$$

- **(c) 等温変化**：$T=$一定の変化です。変化の前後の状態量間の関係は次のように表されます。

$$Pv = P_1 v_1 = P_2 v_2 \qquad 式(2.10.4)$$

Pとvは反比例します。Pv線図上では変化の様子は直角双曲線で表されます。等温変化は、実現するのに非常に困難な変化です。温度一定を保ったまま、気体を非常にゆっくり加熱、冷却するときにのみ実現する仮想的な変化です。このとき、気体が周囲から受ける熱量は気体が周囲にする仕事に等しくなります。

- **(d) 可逆断熱変化**：周囲との間に熱の交換がない変化（$q_{12}=0$、$dq=0$）です。閉じた系に対する熱力学の第一法則の式と理想気体の状態式を用いると、変化の前後の状態量間の関係として次式が導かれます。

$$Pv^{\kappa} = P_1 v_1^{\kappa} = P_2 v_2^{\kappa} \qquad 式(2.10.5)$$

ただし、κは比熱比c_p/c_vです。κは常に1より大きいので、Pv線図上で可逆断熱変化を表す曲線は、等温変化のそれよりも急な右下がりで表されます。可逆断熱変化は、熱の交換がないので、等エントロピー変化です。このとき、気体が周囲にする仕事は気体の内部エネルギーの減少に等しく、逆に、気体が周囲からなされる仕事は気体の内部エネルギーの増加に等しくなります。

■図2.10.1　理想気体の状態変化■

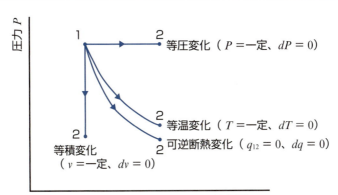

2-11 熱力学状態を状態線図で表す

理想気体は常に気体のままですが、冷媒は冷凍サイクルを循環する間に、蒸発および凝縮を繰り返し、液体および蒸気（気体）の状態を通過します。ここでは、液体、蒸気（気体）の熱力学状態を表す状態線図を紹介します。物質のいろいろな状態のよび方を覚えましょう。

いろいろな状態線図

温度 T、圧力 P、比体積 v、比エンタルピー h、比エントロピー s などは代表的の熱力学状態量です。作動流体としてよく使われる水や冷媒についての熱力学性質は詳しく調べられ、通常、蒸気表などの物性値表として、あるいはいろいろな状態線図（状態図）にまとめられています。重要な状態量のうちから二つを縦軸および横軸の座標として選ぶと、いろいろな状態線図ができあがります。これまでに取り上げたものには、Pv 線図や Ts 線図がありました。この他に、PT 線図、Ph 線図、hs 線図などがあります。冷凍サイクルを表すのに最もよく使われるのが Ph 線図ですが、これについては、第4章で詳しく説明します。

液体と蒸気の状態のよび方

図2.11.1（a）〜（d）に、Pv 線図、PT 線図、Ph 線図および Ts 線図を並べて示します。図中、C.P.は**臨界点**（Critical point）を表します。臨界点は、それ以上の状態では気体（蒸気）と液体の区別がなくなる限界の状態点です。Pv 線図、Ts 線図および Ph 線図においては、飽和液線と飽和蒸気線が臨界点C.P.で一致します。Pv 線図および Ph 線図には $T_1-B-C-T_1$ で表される等温線、また、Ts 線図には $P_1-B-C-P_1$ で表される等圧線がそれぞれ示されています。

各線図において、A点の液体は**過冷却液**（**圧縮液**ともいう）、B点の液体は**飽和液**、C点の蒸気は**飽和蒸気**（**乾き飽和蒸気**ともいう）、D点の蒸気は**過熱蒸気**とそれぞれよばれます。E点は飽和液Bから飽和蒸気Cまでの蒸発過程あるいは飽和蒸気Cから飽和液Bまでの凝縮過程の途中の状態を表します。E点のように飽和液と飽和蒸気が共存する状態は、**湿り蒸気**とよばれます。

PT 線図上の曲線は**飽和蒸気圧**（**飽和圧力**）を表します。純物質の飽和蒸気圧は温度のみの関数であり、PT 線図では1本の曲線で表されます。これは、温度

の上昇とともに飽和蒸気圧は高くなること、さらに温度 T_1 を選ぶと飽和蒸気圧（蒸発圧力）P_1 が、逆に、圧力 P_1 を選ぶと飽和温度（蒸発温度）T_1 が、それぞれ定まっていることを意味します。

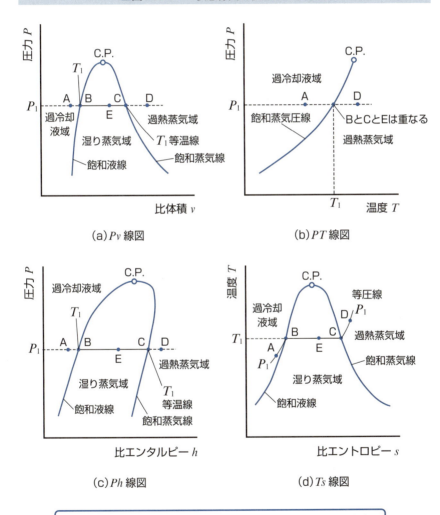

■図 2.11.1　状態線図と状態のよび方■

(a) Pv 線図

(b) PT 線図

(c) Ph 線図

(d) Ts 線図

C.P.：臨界点　　A：過冷却液　　B：飽和液　　C：飽和蒸気
D：過熱蒸気　　E：湿り蒸気（飽和液Bと飽和蒸気Cとが共存）

2-12 湿り蒸気と乾き度

湿り蒸気の状態は飽和液と飽和蒸気とが共存する状態です。湿り蒸気の熱力学性質は、飽和液と飽和蒸気の性質を乾き度で関係づけて表します。ここでは、乾き度の定義や使い方について理解しましょう。

乾き度とは

湿り蒸気の状態は蒸発や凝縮の途中の過程で現れます。飽和液と飽和蒸気が共存している状態を湿り蒸気とよんでいます。図2.12.1のように、湿り蒸気の質量をm、飽和液の質量をm'、飽和蒸気の質量をm''とすると、湿り蒸気の**乾き度**(**クオリティ**ともいう)xは次のように定義されます。

$$x = \frac{m''}{m} = \frac{m''}{m' + m''} \qquad 式(2.12.1)$$

乾き度xは、飽和蒸気の質量の湿り蒸気の質量に対する比の値です。1 kgの湿り蒸気にx[kg]の飽和蒸気と$(1-x)$[kg]の飽和液が混在していることを表します。この乾き度によって、$x=0$の飽和液から$x=1$の飽和蒸気までの間にある湿り蒸気の状態を区別することができます。

湿り蒸気の性質

乾き度xが与えられると、湿り蒸気の比体積v、比エンタルピーh、比エントロピーsは、飽和液の比体積v'、比エンタルピーh'、比エントロピーs'、飽和蒸気の比体積v''、比エンタルピーh''、比エントロピーs''から、それぞれ次式によって求められます。

$$v = (1-x)v' + xv'' = v' + x(v'' - v') \qquad 式(2.12.2)$$
$$h = (1-x)h' + xh'' = h' + x(h'' - h') \qquad 式(2.12.3)$$
$$s = (1-x)s' + xs'' = s' + x(s'' - s') \qquad 式(2.12.4)$$

乾き度の求め方

式(2.12.2)～式(2.12.4)を、それぞれ乾き度xを表すように変形すると、次のようになります。

$$x = \frac{v-v'}{v''-v'} = \frac{h-h'}{h''-h'} = \frac{s-s'}{s''-s'} \quad 式(2.12.5)$$

これより、湿り蒸気の比体積v、比エンタルピーhあるいは比エントロピーsが与えられると、飽和液および飽和蒸気のそれぞれの値を知って、湿り蒸気の乾き度xを求めることができます。

圧力P_1、温度T_1のもとで、乾き度x、比体積v、比エンタルピーh、比エントロピーsの湿り蒸気の状態Eは、図2.12.2（a）～（c）のように、それぞれPv線図上、Ph線図上およびTs線図上に表すことができます。通常、作動流体としてよく使われる水や冷媒については、飽和液および飽和蒸気の熱力学性質は、飽和表や状態線図から入手できます。

■図2.12.1　乾き度の定義■

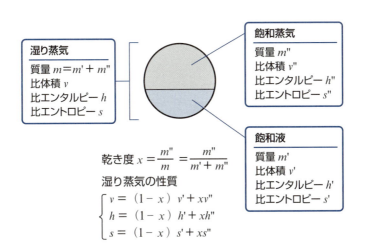

図2.12.2 状態線図と乾き度

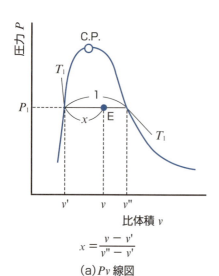

$$x = \frac{v - v'}{v'' - v'}$$

(a) Pv 線図

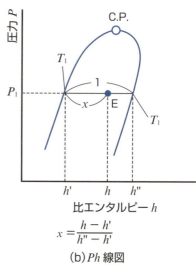

$$x = \frac{h - h'}{h'' - h'}$$

(b) Ph 線図

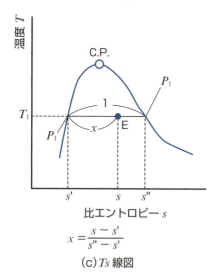

$$x = \frac{s - s'}{s'' - s'}$$

(c) Ts 線図

Quiz 章末クイズ

冷凍空調のための熱力学の基礎に関する次の記述のうち、正しいものに○、正しくないものに×を（ ）内につけなさい。簡単な計算や式の誘導を行って答える問題も含みます。20問中12問正解すれば合格です。　　　　　　　　　　　　　（解答はP.268）

(1) ある物体の温度が20℃から30℃まで上昇した。このとき物体の温度変化は10 Kに等しい。　　　　　　　　　　　　　　　　　　　　　　　　　　　　（　）

(2) セルシウス温度−33.15℃を絶対温度で表すと、厳密に240 Kとなる。（　）

(3) 大気圧100 kPaのもとでボンベ内の窒素ガスの圧力を圧力計で測定したところゲージ圧で870 kPaと読めた。したがって、窒素ガスの絶対圧力は770 kPaであるとした。　　　　　　　　　　　　　　　　　　　　　　　　　　　（　）

(4) 比体積の単位はkg/m³であり、密度の単位はm³/kgである。　　（　）

(5) 標準大気圧101.325 kPaにおいて水1 kgを約100℃一定で蒸発させるのに必要な熱量を蒸発熱という。この蒸発熱は潜熱の一つである。　　　　（　）

(6) 水の比熱はエタノールの比熱より大きい。したがって、水はエタノールより温まりやすく冷めやすい。　　　　　　　　　　　　　　　　　　　　　　（　）

(7) 定圧比熱 c_p は定積比熱 c_v より常に大きいので、比熱比 κ は常に1より小さい。
　　　　　　　　　　　　　　　　　　　　　　　　　　　　　　　　　（　）

(8) 摩擦のないピストン付きシリンダに閉じ込められている気体に300 kJの熱を加えたところ、気体はゆっくり膨張してピストンに130 kJの仕事をした。このとき、気体の内部エネルギーの変化は430 kJであると計算できる。　　　　　（　）

(9) 比エンタルピー h は、比内部エネルギー u に圧力 P と比体積 v の積 Pv を加えたものとして定義され、流動している物体1 kgの保有する熱エネルギー状態を表す。その単位は、J/kg または kJ/kg である。　　　　　　　　　　　　（　）

(10) 熱交換器の中を一定の質量流量で流れている流体に定常的に加えられている熱量は、位置エネルギーや運動エネルギーの変化が無視できるとき、気体のエンタルピー増加に等しくなる。　　　　　　　　　　　　　　　　　　　　　（　）

(11) よく断熱された圧縮機が定常的に運転されている。このとき、流入・流出する気体の位置エネルギーや運動エネルギーの変化が無視できるものとすると、圧縮機の駆動軸仕事は、流入・流出する気体のエンタルピー増加に等しいと考えることができる。　　　　　　　　　　　　　　　　　　　　　　　　　　　　（　）

(12) ある流体が質量流量一定でよく断熱された膨張弁に入り、絞り膨張して膨張弁を出ている。流体の膨張弁前後の位置エネルギーおよび運動エネルギーの変化を無視できるものとすると、膨張弁出口の流体の比エンタルピーは膨張弁入口の比エンタルピーより大きくなる。　　　　　　　　　　　　　　　　　　　（　）

(13) 仕事を消費しないで低温熱源から高温熱源に熱を移動させる冷凍機は実現不可能である。　　　　　　　　　　　　　　　　　　　　　　　　　　　　（　）

(14) 高温熱源 40℃ (313.15 K) および低温熱源 − 30℃ (243.15 K) の間で作動する逆カルノーサイクル冷凍機の成績係数は 3.47 と計算できる。この両熱源の間で作動する実際の冷凍機の成績係数は 3.47 を超えることはない。（　）

(15) 気体が圧縮機に流入し、可逆断熱圧縮されて圧縮機から流出している。このとき、圧縮機入口および出口における気体の比エントロピーは等しいと考えることができる。（　）

(16) 湿り蒸気の状態は、飽和液と過熱蒸気が共存する状態を指しており、蒸発や凝縮の相変化の過程で出現する。（　）

(17) R 32 の 0℃における飽和圧力は 0.813 MPa、飽和液の比エンタルピー h' は 200 kJ/kg、飽和蒸気の比エンタルピー h'' は 515 kJ/kg である。いま、0℃ (0.813 MPa) における R 32 湿り蒸気の比エンタルピー h が 275 kJ/kg であるとき、この湿り蒸気の乾き度 x は 0.238 と計算できる。（　）

(18) 圧力 P、比体積 v、絶対温度 T、ガス定数 R とすると、理想気体の状態式は、$Pv=RT$、または $v=\dfrac{RT}{P}$ と表される。この理想気体が理想的な可逆断熱変化をするとき、$Pv^\kappa =$ 一定の関係が成り立つ。ただし、κ は比熱比である。

理想気体の状態式 $v=\dfrac{RT}{P}$ を用いて、この関係式の v を消去し整理すると、

$\dfrac{T}{P^{\frac{\kappa-1}{\kappa}}} =$ 一定、という関係式を導くことができる。（　）

(19) 臨界圧力以下の圧力一定のもとで、過熱蒸気の状態にある冷媒を冷却した。このとき、冷媒は、過熱蒸気➡飽和蒸気➡飽和液➡湿り蒸気➡過冷却液の順に状態変化した。（　）

(20) 気体が状態 1 ➡ 2 まで可逆変化するとき、気体が周囲にする仕事 W_{12} は Ts 線図上の経路の下の面積として表され、気体が周囲から受ける熱量 Q_{12} は Pv 線図上の経路の下の面積として表される。（　）

冷凍空調のための伝熱工学の基礎

　冷凍空調装置の蒸発器や凝縮器は、高温流体と低温流体の間で熱の授受を盛んに行う熱交換器です。蒸発器では被冷却流体から冷媒へ、凝縮器では冷媒から冷却流体へ、それぞれ熱が移動します。第3章では、蒸発器や凝縮器での伝熱計算が理解できるように、熱移動の形態、熱伝導、熱伝達、熱通過など伝熱工学の基礎を学びます。また、冷凍空調でよく使われる諸量の単位のこと、計算問題の一般的な解き方についても学びましょう。

3-1 熱の伝わり方—熱移動の形態

熱は高温の物体から低温の物体に伝わるエネルギーです。ここでは、熱の伝わり方には三つの基本的な形態があることを学びます。

◼ 熱の伝わり方—三つの形態

高温物体から低温物体への熱の移動を**伝熱**とよびます。伝熱には、(a)**熱伝導**、(b)**熱伝達**および(c)**熱放射**という三つの基本的な形態があります（図3.1.1）。

◼ 熱伝導

物体内部の高温部分から低温部分へ熱の移動が起こります。これは、熱が温度の高い分子（原子、電子）から温度の低い分子（原子、電子）へと順次伝わるためであり、このような熱の伝わり方を熱伝導といいます。熱伝導は固体ばかりでなく、静止した液体や気体でも起こります。

◼ 熱伝達

固体の壁からそれに接する流体の間で熱が移動するとき、逆に流体からそれに接する固体の壁に熱が伝わるとき、熱は流体分子の運動や混合によって伝わります。その伝熱量は、流体の流れの速度などに強く影響されます。このように、お互いに接する固体と流体の間で起こる熱の伝わり方を熱伝達といいます。熱伝達では、流体中の熱伝導と熱対流による熱移動が同時に起こっていると考えることができます。

◼ 熱放射

もうひとつの基本的な熱の伝わり方は熱放射です。高温の太陽から宇宙空間を隔てて膨大なエネルギーが地上に届くのは、熱放射によっています。一般に、物体は、その内部エネルギーの一部を電磁波として放射する性質、また他の物体からの電磁波を吸収して内部エネルギーを増加させる性質をもっています。したがって、異なる温度の物体の間では、相互にやり取りした放射エネルギー

の差として正味の伝熱量が決まります。このような電磁波による熱移動が熱放射です。熱放射による熱移動には、何ら物体の媒介を必要とせず、真空中でも起こります。

　熱の移動は、一般に熱伝導、熱伝達、熱放射が複合して起こりますが、冷凍空調の分野では熱放射による熱移動は小さいため、無視されます。これ以降の節で、熱伝導および熱伝達による伝熱量計算のための基礎式について詳しく述べることにします。

■図 3.1.1　熱の伝わり方■

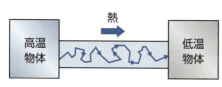

分子、原子、電子の運動
によって伝わる

（a）熱伝導

熱伝導による熱移動と
熱対流による熱移動が
同時に起こって伝わる

（b）熱伝達

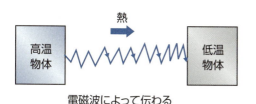

電磁波によって伝わる

（c）熱放射

効率よく物を冷やしたり温めたりするには伝熱工学の知識が必要ですね

3-2 熱伝導―物体中の熱移動

物体中の高温部分から低温部分への熱移動の形態を熱伝導といいます。熱伝導の基礎式による伝熱量の計算方法を学びましょう。

フーリエの法則

図3.2.1のように、温度が時間によって変化しない定常状態では、単位時間あたりの伝熱量Φ[J/s]または[W]は、**フーリエの法則**により次のように表されます。

$$\Phi = -\lambda \frac{dT}{dx} A \qquad 式(3.2.1)$$

ただし、dT/dxは熱の流れ方向の温度勾配[K/m]、Aは伝熱面積[m^2]です。この式は、伝熱量が温度勾配と伝熱面積に正比例することを表しています。その比例定数λを物体の**熱伝導率**といい、その単位はW/(m·K)です。熱伝導率は物体の種類によって異なります。また、熱伝導率は物性値ですから、同じ物体でも温度および圧力によって変化します。上式の右辺の負号は、熱の流れ方向xに対して温度勾配dT/dxはいつも負となるので、伝熱量の値を正の値にするためにつけられています。

平板内の定常熱伝導

図3.2.2のように、平板内の定常熱伝導による伝熱量Φは、式(3.2.1)を適用して次式で計算することができます。

$$\Phi = -\lambda \frac{T_2 - T_1}{\delta} A = \lambda \frac{T_1 - T_2}{\delta} A = \lambda \frac{\Delta T}{\delta} A \qquad 式(3.2.2)$$

ここで、λは平板の熱伝導率[W/(m·K)]、δは平板の厚さ[m]、ΔTは高温部T_1と低温部T_2の温度差$T_1 - T_2$[K]、Aは伝熱面積[m^2]です。平板の厚さδが同じならば、伝熱量は温度差と伝熱面積に正比例することがわかります。また、平板内の温度分布は直線的になっています。

このように、熱伝導率λは、熱伝導による熱の伝わりやすさを表しています。式(3.2.2)において、板厚δを含めたλ/δの逆数δ/λの値は、熱伝導による熱の伝わりにくさ、すなわち熱伝導抵抗を表しています。表3.2.1に代表的な

物質の熱伝導率の値を示しました。

■表 3.2.1　代表的な物質の熱伝導率（101 kPa, 300 K）■

状態	物質	熱伝導率 λ [W/(m・K)]
固体	銅	398
	アルミニウム	237
	軟鋼	51.6
	コンクリート	1.2
	木材（杉）	0.069
	グラスウール	0.034
液体	水	0.6104
	アンモニア	0.479
	冷媒 R 134a 飽和液（300 K, 703 kPa）	0.0803
気体	空気	0.02614
	冷媒 R 134a 飽和液（300 K, 703 kPa）	0.0140

■図 3.2.1　熱伝導（フーリエの法則）■

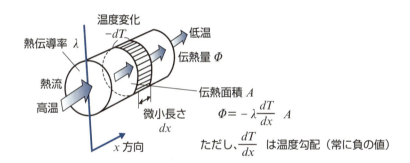

$$\Phi = -\lambda \frac{dT}{dx} A$$

ただし、$\frac{dT}{dx}$ は温度勾配（常に負の値）

■図 3.2.2　平板の定常熱伝導■

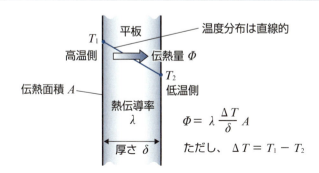

$$\Phi = \lambda \frac{\Delta T}{\delta} A$$

ただし、$\Delta T = T_1 - T_2$

3-3 熱伝達—固体と流体との間の熱移動

固体壁とそれに接する流体との間の熱移動の形態を熱伝達といいます。ここでは、熱伝達による伝熱量の計算方法を学びましょう。

ニュートンの冷却の法則

高温の固体壁から低温の流体に向かって熱が移動する熱伝達を考えます（図3.3.1）。固体壁表面の温度をT_w[K]、固体壁から十分に離れた場所の流体の温度をT_f[K]、伝熱面積をA[m²]とします。固体壁表面近くの流体の温度分布は直線的ではありません。定常状態における固体壁表面から流体への伝熱量Φ[J/s]または[W]は、次式で示す**ニュートンの冷却の法則**から求めることができます。

$$\Phi = \alpha(T_w - T_f)A = \alpha \Delta T A \qquad 式(3.3.1)$$

ここで、温度差$\Delta T = T_w - T_f$[K]です。この式は、固体壁表面での熱伝達による伝熱量が温度差と伝熱面積に正比例することを表しています。この比例定数αを**熱伝達率**といい、熱伝達における熱の伝わりやすさを表します。その単位は、W/(m²·K)です。一方、式(3.3.1)中、αの逆数$1/\alpha$は、熱伝達による熱の伝わりにくさ、すなわち熱伝達抵抗を表していると考えることができます。

熱伝達率

熱伝達率は物性値ではないことに注意しましょう。熱伝達率の値は、流体の種類や対流（流動）の強さによって大きく変化します。一般に、気体よりも液体のほうが、また自然対流のときよりも強制対流のときのほうが、熱伝達率の値は大きくなります。表3.3.1に熱伝達率の大きさの程度を示します。

3-3 熱伝達―固体と流体との間の熱移動

■表 3.3.1　熱伝達率の大きさ■

液体の種類	流動状態	熱伝達率 α [W/m² · K]
気体	自然対流	5 〜 12
	強制対流	12 〜 120
液体	自然対流	80 〜 350
	強制対流	350 〜 12000

■図 3.3.1　熱伝達（ニュートンの冷却の法則）■

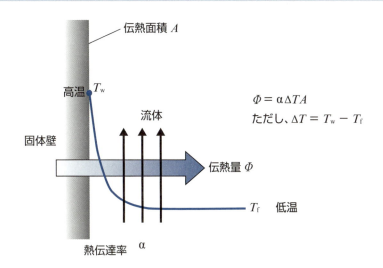

$\Phi = \alpha \Delta T A$

ただし、$\Delta T = T_w - T_f$

> 熱伝達による熱移動は、流体中の熱伝導と対流による熱移動が同時に重なり合って起こります

3-4 熱通過—固体壁を隔てた二流体間の熱移動

高温の流体から低温の流体へ固体壁をはさんで熱移動が起こる場合の伝熱量の計算方法を学びます。この考え方は、凝縮器や蒸発器などの熱交換器での伝熱量を求めるときに応用されます。

熱通過

高温の流体Ⅰから低温の流体Ⅱへの固体壁を隔てた熱移動を**熱通過**とよんでいます（図3.4.1）。高温流体Ⅰから低温流体Ⅱへの定常的な熱通過による伝熱量$\varPhi$[J/s]または[W]は、伝熱面積A[m²]、高温流体Ⅰ（温度T_1）と低温流体Ⅱ（温度T_2）の温度差$\varDelta T = T_1 - T_2$[K]に正比例し、次の式によって求められます。

$$\varPhi = K(T_1 - T_2)A = K\varDelta T A \qquad \text{式(3.4.1)}$$

ここで、比例定数Kは、固体壁を隔てた二流体間の熱通過による熱の伝わりやすさを表しており、**熱通過率**とよんでいます。その単位は、W/(m²·K)です。一方、上式のKの逆数$1/K$の値は、熱通過による熱の伝わりにくさ、**熱通過抵抗**を表しています。

熱通過率の求め方

式(3.4.1)によって伝熱量を計算するためには、まず熱通過率Kを求めなければなりません。

さて、固体壁を隔てた二流体間の熱通過は、流体Ⅰと固体壁との間の熱伝達、固体壁内の熱伝導、そして固体壁と流体Ⅱとの間の熱伝達が組み合わさった熱移動となっています。したがって、熱通過全体の熱通過抵抗$1/K$は、高温側および低温側の二つの熱伝達抵抗$1/\alpha_1$、$1/\alpha_2$と固体壁内の熱伝導抵抗δ/λの和で次式のように表されます。

$$\frac{1}{K} = \frac{1}{\alpha_1} + \frac{\delta}{\lambda} + \frac{1}{\alpha_2} \qquad \text{式(3.4.2)}$$

よって、熱通過率Kの値は、流体Ⅰ側の熱伝達率α_1、固体壁の熱伝導率λおよび厚さδ、流体Ⅱ側の熱伝達率α_2から求めることができます。上述の熱通過による伝熱量の計算は、液体－固体壁－液体、液体－固体壁－気体、気体－固体壁－気体など、どのような組み合わせに対しても適用することができます。

■図3.4.1　熱通過―固体壁を隔てた二流体間の熱移動■

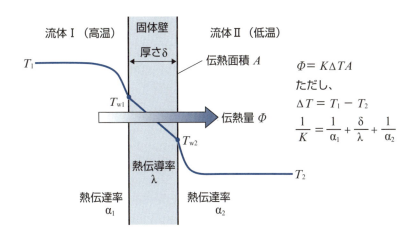

熱通過の考え方は、冷凍装置の凝縮器や蒸発器での伝熱計算に使われます

3-5 SI単位—単位がわかれば計算ができる

取り扱うべき量の単位のことがよくわかれば、それらの計算は容易になります。ここでは、SI単位の要点および冷凍空調でよく使われるSI単位をまとめます。

単位は量計算の基本でもある

　ある量は数値と単位で表されます。同じ単位をもつ量は足し算したり、引き算したりすることができます。異なる単位をもつ量のあいだの足し算、引き算はできません。等式（＝）や不等式（＜または＞）で関係づけられる右辺の量と左辺の量は同じ単位です。異なる単位をもつ量同士を掛け算したり、割り算したりすると、その操作により単位が変わります。

　このように、単位は量を表す基本であると同時に、量計算の基本です。

SI単位

　いろいろな量を表すのに用いられる単位は、わが国ではもちろんのこと、世界の国々においても国際的に統一された**SI単位**（国際単位系）に移行中です。SI単位は、それぞれが他の次元では表すことのできない7つの基本単位（表3.5.1）、角度に関する二つの補助単位（平面角、ラジアン、radおよび立体角、ステラジアン、sr）、そして、これらの基本単位を用いて表される組立単位から構成されています。

■表3.5.1　SI基本単位■

量	単位名称	単位記号
質量 m	キログラム	kg
物質量 n	モル	mol
長さ L	メートル	m
時間 t	秒	s
熱力学温度 T	ケルビン	K
電流 I	アンペア	A
光度 I	カンデラ	cd

冷凍空調で頻出するSI組立単位

表3.5.2に、冷凍空調で頻出するSI組立単位の例をよく使われる量記号とともに示します。圧力のPa（パスカル）、エネルギーのJ（ジュール）、動力のW（ワット）など、科学史上に名を残す著名な科学者の名前に由来する固有の名称で表される組立単位には、それぞれの定義を示しました。

■表3.5.2　SI組立単位の例■

量	単位記号	固有の名称	定義
力 F	N	ニュートン	$1\,N = 1\,kg \cdot m \cdot s^{-2}$
圧力 P	Pa	パスカル	$1\,Pa = 1\,N \cdot m^{2}$
面積 A	m^2		
体積 V	m^3		
比体積 v	m^3/kg		
密度 p	kg/m^3		
摂氏温度 t	℃	セルシウス度	$t = T - 273.15$
エネルギー E	J	ジュール	$1\,J = 1\,N \cdot m$
仕事 W	J	ジュール	
熱 Q	J	ジュール	
動力（仕事率）P	W	ワット	$1\,W = 1\,J \cdot s^{-1}$
伝熱量 Φ	W	ワット	
速度 w	m/s		
質量流量 $\dot{m}$	kg/s		
体積流量 $\dot{V}$	m^3/s		
比熱 c	$J/(kg \cdot K)$		
定積比熱 c_v	$J/(kg \cdot K)$		
定圧比熱 c_p	$J/(kg \cdot K)$		
内部エネルギー U	J	ジュール	
比内部エネルギー u	J/kg		
エンタルピー H	J	ジュール	
比エンタルピー h	J/kg		
エントロピー S	J/K		
比エントロピー s	$J/(kg \cdot K)$		
熱伝導率 λ	$J/(m \cdot K)$		
熱伝達率 α	$J/(m^2 \cdot K)$		
熱通過率 K	$J/(m^2 \cdot K)$		

3-5　SI単位—単位がわかれば計算ができる

■ SI接頭語

　SI基本単位やSI組立単位をそのまま使用すると、数値が非常に大きくなったり、逆に非常に小さくなったりすることがあります。このような場合には、たとえば、1,000,000 Paは、1×10^6 Paですから、10^{6}の接頭語M（メガ）を使い、1 MPaと表すことができます。

　ただし、組立単位の単位記号が商の形となる場合、分子には接頭語を使用できるが、分母には使用できないことになっています。たとえば、比熱の単位はJ/(kg·K)のように商の形をしています。この場合、分子にkJを用いkJ/(kg·K)とすることは許されますが、分母の温度にmKを用いてJ/(kg·mK)などとすることはできません。表3.5.3にSI接頭語を示します。

　本書では、圧力にkPaまたはMPa、熱や仕事にkJ、動力や伝熱量にkW、比エンタルピーにkJ/kgなど、SI接頭語を用いる単位がよく使われますので注意してください。

■表3.5.3　SI接頭語■

倍数	接頭語	記号
10^{18}	エクサ	E
10^{15}	ペタ	P
10^{12}	テラ	T
10^{9}	ギガ	G
10^{6}	メガ	M
10^{3}	キロ	k
10^{2}	ヘクト	h
10^{1}	デカ	da
10^{-1}	デシ	d
10^{-2}	センチ	c
10^{-3}	ミリ	m
10^{-6}	マイクロ	μ
10^{-9}	ナノ	n
10^{-12}	ピコ	p
10^{-15}	フェムト	f
10^{-18}	アト	a

3-6 計算問題の解き方

冷凍空調の分野では、冷凍空調装置の性能評価、蒸発器や凝縮器の伝熱計算、圧縮機の駆動軸動力の解析、湿り空気の性質の計算など、さまざまな計算問題に出会います。ここでは、計算問題の一般的な解き方について習得しましょう。

■ 解答への6つのステップ

計算問題を解くときには、以下の6つのステップを踏みましょう。解答に向かって一歩一歩進めていくこの方法は、取り扱う問題が複雑になればなるほどその有効性を発揮します。

ステップ1：問題を理解する
与えられている鍵となる情報に注目し、求めるべき量を確認する。

ステップ2：問題を可視化する
略図を描き、問題に与えられている鍵となる情報を書き加え、問題の全体像が見えるようにする。

ステップ3：仮定と近似を探す
問題に適用できる適切な仮定と近似を探し、書き留める。

ステップ4：物理法則を適用する
問題に適用できる物理法則や原理を応用する。適切な仮定や近似によって、関係式を簡単化する。

ステップ5：計算し解答を得る
求めるべき量＝…の形に関係式を整理する。単位に注意を払いながら、既知の諸量を整理した関係式に代入し、計算する。解答は、適切な有効桁数の数値に四捨五入する。一般的な技術計算では計算結果は3桁の有効数字とすることが多い。

ステップ6：計算結果は妥当か
最後に、計算結果が妥当かどうかについて確かめる。直感的に判断できる場合も多い。計算結果の妥当性が疑われる場合、ステップ1〜5を再び繰り返す。

6つのステップによる計算問題の解答例

計算問題:

　よく断熱された向流式熱交換器において高温流体から低温流体に定常的な伝熱が行われている。高温流体の質量流量は0.456 kg/s、入口温度は80℃である。低温流体の質量流量は1.00 kg/s、入口温度は30℃、出口温度は35℃である。このとき、高温流体の出口温度はいくらか。高温流体および低温流体の定圧比熱は、それぞれ1.50 kJ/(kg·K)および4.19 kJ/(kg·K)で一定とする。

解答例:

ステップ1：問題を理解する

　向流式熱交換器、高温流体から低温流体への伝熱、求めるべき量は高温流体の出口温度

ステップ2：問題を可視化する

　よく使われる量記号を用いて、図3.6.1のような略図を描いてみる。

■図3.6.1　計算問題の略図■

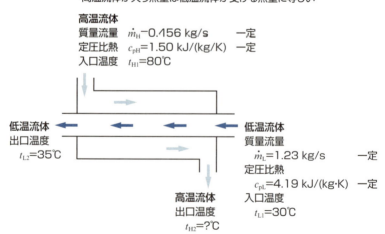

ステップ3:仮定と近似を探す

(1) 伝熱は定常的であるから、高温流体および低温流体の質量流量、入口・出口温度は時間によらず一定である。
(2) 熱交換器はよく断熱されているので周囲への熱損失は無視できる。高温および低温流体の位置エネルギーおよび運動エネルギーの変化は無視できる。
(3) 物性値の定圧比熱は一定とする。

ステップ4:物理法則を適用する

系全体のエネルギーは保存される。熱以外のエネルギーは考える必要はなく、周囲への熱損失は無視できるので、単位時間当たりに高温流体が失う熱量は低温流体が受ける熱量に等しい。両流体の定圧比熱は一定であるから、次式が成り立つ。

$$\dot{m}_H c_{pH}(t_{H1}-t_{H2}) = \dot{m}_L c_{pL}(t_{L2}-t_{L1}) \qquad 式(3.6.1)$$

ステップ5:計算し解答を得る

高温流体の出口温度 t_{H2} は、式(3.6.1)を変形し、次式のように求めることができる。

$$t_{H2} = t_{H1} - \frac{\dot{m}_L c_{pL}(t_{L2}-t_{L1})}{\dot{m}_H c_{pH}} = 80 - \frac{1.23 \times 4.19 \times (35-30)}{0.456 \times 1.50} = 42.33 ≒ 42.3\ ℃$$

ステップ6:計算結果は妥当か?

高温流体が失う熱流量
$\dot{Q}_H = \dot{m}_H c_{pH}(t_{H1}-t_{H2}) = 0.456 \times 1.50 \times (80-42.3) = 25.8\ kW$(または kJ/s)

低温流体が受ける熱流量
$\dot{Q}_L = \dot{m}_L c_{pL}(t_{L1}-t_{L2}) = 1.23 \times 4.19 \times (35-30) = 25.8\ kW$

$\dot{Q}_H = \dot{Q}_L$ であるから、計算結果 $t_{H2}=42.3℃$ は正しい。

Quiz 章末クイズ

冷凍空調のための伝熱学の基礎に関する次の記述のうち、正しいものに〇、正しくないものに×を（ ）内につけなさい。簡単な計算を行って答える問題も含みます。15 問中 9 問正解すれば合格です。　　　　　　　　　　　　　　　　　（解答は P.268）

(1) 物体中の高温部分から低温部分への伝熱の形態を熱伝導という。　　　　（ ）
(2) 固体壁の表面とそれに接して流れている流体との伝熱作用を熱伝達という。
　　　　　　　　　　　　　　　　　　　　　　　　　　　　　　　　　　（ ）
(3) 固体壁で隔てられた二流体間の定常的な伝熱量は、固体壁の定圧比熱、二流体間の温度差、固体壁の伝熱面積の積として求められる。　　　　　　　　　（ ）
(4) 冷凍装置の各部で起こっている伝熱現象は、熱伝導と熱放射ですべて説明できる。
　　　　　　　　　　　　　　　　　　　　　　　　　　　　　　　　　　（ ）
(5) 部屋の空気、冷蔵庫の壁、そして冷蔵庫内の空気への熱通過率は、冷蔵庫壁の内外面の熱伝達率と冷蔵庫壁の熱伝導率の和で表すことができる。　　　（ ）
(6) 一般に、熱伝導率の大きな金属は熱交換器の伝熱管に使用され、熱伝導率の小さな材料は防熱材や断熱材に使用される。　　　　　　　　　　　　　　（ ）
(7) 熱伝達率の値は、流体の流れの状態によって大きく異なり、同一の流体であれば、自然対流よりも強制対流のほうが小さい。　　　　　　　　　　　　（ ）
(8) 熱伝導率、熱伝達率、熱通過率の単位は同一で、$kW/(m^2 \cdot K)$ である。　（ ）
(9) 定常熱伝導による平板内の伝熱量は、平板の熱伝導率が変わらないとすれば、平板の高温面と低温面の温度差が 2 倍、平板の板厚が 2 倍、平板の伝熱面積が 2 倍になると、8 倍になる。　　　　　　　　　　　　　　　　　　　　　（ ）
(10) 固体壁とそれに接して流れる流体との間の熱伝達率は、一般的に、液体よりも気体のほうが大きい。　　　　　　　　　　　　　　　　　　　　　　　（ ）
(11) 熱交換器の伝熱管では、伝熱を促進するために、熱伝達率が小さいほうの流体側伝熱面にフィンをつけて伝熱面積を増やすことがある。　　　　　　　（ ）
(12) 熱伝導率は物質固有の性質、すなわち物性値であるが、熱伝達率は固体壁と接する流体の種類や流れの状態などに依存するので物性値ではない。　　　（ ）
(13) 500℃の固体壁から 20℃の空気に定常的に熱が移動している。固体壁と空気の間の熱伝達率が $10\ W/(m^2 \cdot K)$ であるとき、固体壁の単位伝熱面積あたりの伝熱量は $4.8\ kW/m^2$ と計算できる。　　　　　　　　　　　　　　　　（ ）
(14) 500℃の高温面と 300℃の低温面をもつ厚さ 0.5 m の平板の定常熱伝導における温度勾配は、熱の流れる方向に位置の座標をとると、$-400\ K/m$ で一定である。
　　　　　　　　　　　　　　　　　　　　　　　　　　　　　　　　　　（ ）

(15) 熱伝導率 0.5 kW/(m・K)、厚さ 0.002 m の固体壁を隔てて高温流体から低温流体へ定常的に熱が移動している。高温流体と固体壁の間の熱伝達率は 1 kW/(m²・K)、低温流体と固体壁の間の熱伝達率も 1 kW/(m²・K) であるとき、熱通過率は約 0.5 kW/(m²・K) と求められる。　　　　　　　　　　（　）

MEMO

冷凍サイクルを見る

　冷凍サイクルはどのように表すことができるのでしょうか。冷凍サイクルを循環する冷媒の状態変化に着目し、それを Ph 線図上に示すことによって、冷凍サイクルは目に見えるかたちで表すことができるようになります。

　この章では、Ph 線図の成り立ち、冷凍サイクルにおける冷媒の状態変化、理論冷凍サイクル、二段圧縮冷凍サイクル、二元冷凍サイクル、吸収冷凍サイクルなどについて理解します。

4-1　Ph 線図とは

冷凍サイクルは冷媒の Ph 線図上に示すことができます。Ph 線図には冷媒の熱力学状態が表されています。ここでは、まず Ph 線図の成り立ちについて理解することにしましょう。

Ph 線図に示されている「もの」と「こと」

圧力－比エンタルピー線図を簡単に **Ph 線図** とよんでいます。Ph 線図は、圧力－比体積（Pv）線図や温度－比エントロピー（Ts）線図と同様に、冷媒の熱力学状態を表す状態線図のひとつです。冷凍装置各部の冷媒の温度と圧力を知り、Ph 線図にプロットすれば、特別な状態を除き、その比体積、比エンタルピー、比エントロピーなどの熱力学状態量を知ることができます。

図4.1.1に示したように、Ph 線図には冷媒の過冷却液、飽和液、湿り蒸気、飽和蒸気、過熱蒸気を含む液体から蒸気までの各状態が現れます。縦軸に圧力 P、横軸に比エンタルピー h がとられます。過冷却液と湿り蒸気の境界には **飽和液線**、過熱蒸気と湿り蒸気の境界には **飽和蒸気線** が示されています。さらに、

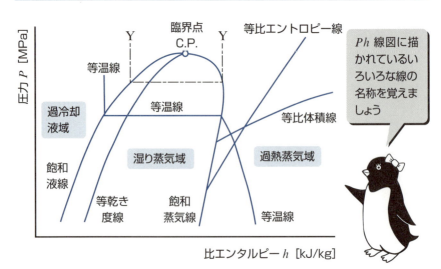

■図 4.1.1　Ph 線図の成り立ち■

温度 t 一定の**等温線**、比体積 v 一定の**等比体積線**および比エントロピー s 一定の**等比エントロピー線**が描かれています。湿り蒸気域には乾き度 x 一定の**等乾き度線**も引かれています。臨界点C.P.付近のYYより高圧の領域は、冷凍サイクルとは無関係となる場合、Ph 線図から省略されることもあります。

等圧線と等比エンタルピー線

図4.1.2のように、Ph 線図の縦軸には圧力 P[kPa] または[MPa]がとられます。縦軸の圧力 P は絶対圧で、その目盛は低圧から高圧までの広い圧力範囲を表せるように対数目盛となっています。縦軸の圧力の目盛から引かれている多数の水平線が**等圧線**です。等圧線上の冷媒の圧力は文字通り一定です。

一方、Ph 線図の横軸には比エンタルピー h[kJ/kg]がとられています。その目盛から等間隔に引かれた多数の垂直線が**等比エンタルピー線**です。等比エンタルピー線上の冷媒の比エンタルピーの値はどの状態においても一定です。

冷凍装置の凝縮器や蒸発器では冷媒はそれぞれ圧力一定で変化しますので、縦軸が圧力であることは好都合です。また、冷凍装置内を循環する冷媒の各状態における熱エネルギーを表す比エンタルピーの値が横軸から直ちに読めるのも大変便利です。これらの理由から、Ph 線図は冷凍サイクルを表示し、解析するのに大いに役立つ線図となっています。

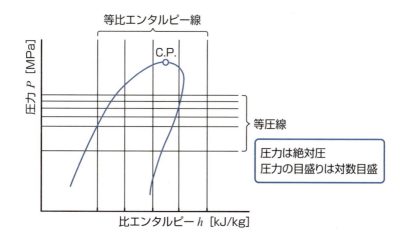

■図 4.1.2　等圧線と等比エンタルピー線■

飽和液線と飽和蒸気線

図4.1.3のように、**飽和液線**と**飽和蒸気線**は臨界点C.P.で一致します。飽和液線は冷媒の過冷却液域と湿り蒸気域を分け、その線上の冷媒は飽和液の状態にあります。飽和液はまさに蒸発しようとする液の状態です。したがって、飽和液線は、飽和圧力Pと飽和温度tの関係、さらに飽和圧力Pと飽和液の比エンタルピーh'の関係を与えます。たとえば、飽和圧力P_1[MPa]における飽和温度(=飽和液の温度)はt_1[℃]、飽和液の比エンタルピーはh'_1[kJ/kg]と読めます。

一方、飽和蒸気線は、湿り蒸気と過熱蒸気を分け、冷媒がすべて蒸発した飽和蒸気の状態を表します。飽和蒸気は**乾き飽和蒸気**ともよばれることがあります。飽和圧力P_1および飽和温度t_1における飽和蒸気の比エンタルピーはh''_1[kJ/kg]と読むことができます。

■図4.1.3 飽和液線と飽和蒸気線■

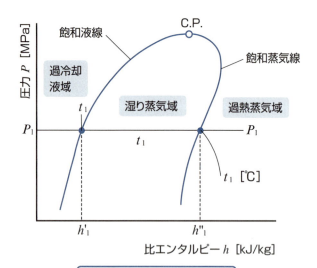

等温線

Ph線図では温度tの単位は日常使い慣れた摂氏（セルシウス）温度℃で表されていることが多くあります。過冷却液域、湿り蒸気域、過熱蒸気域にわたって、通常10℃間隔で**等温線**が引かれています。図4.1.4に示すように、等温線t_1は、過冷却液域では垂直に近い右下がり、飽和液線上のaで折れ曲がり、湿り蒸気域では水平に、飽和蒸気線上のbで再び折れ曲がり、過熱蒸気域で右下がりになります。もちろん、臨界温度t_c以上の等温線t_2は飽和液、湿り蒸気、飽和蒸気の状態を通過しないので連続した滑らかな曲線で表されます。

飽和液線と飽和蒸気線で囲まれた湿り蒸気の状態は、蒸発または凝縮過程の中間状態であり、飽和液と飽和蒸気が共存します。飽和状態では、冷媒の圧力を指定すれば飽和温度が定まり、温度を指定すれば飽和圧力が定まります。蒸発または凝縮過程では圧力と温度は一定です。したがって、湿り蒸気域では等温線は等圧線と同様に水平となります。等圧線と重なり煩雑になるので、湿り蒸気域の水平部分の等温線は省略されることがあります。

■図4.1.4　等温線■

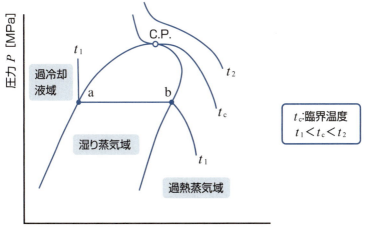

等比体積線

Ph線図上の**等比体積線**は、過熱蒸気域においてゆるやかな右上がりの曲線（図4.1.5）となっています。比体積vの単位はm³/kgです。

さて、圧力P_1[MPa]、温度t_1[℃]の状態1で示される冷媒の過熱蒸気の比体積v_1を知りたいとしましょう。状態1は描かれているv_aやv_bの等比体積線といつもぴったり重なることはありません。そこで、状態1の過熱蒸気の比体積v_1は次のようにして求めます。状態1をはさむ2本の等比体積線v_aとv_bとに並行する仮想的な等比体積線v_1を引き、v_aとv_bの二つの値から比例配分して、比体積v_1[m³/kg]の値を得ることになります。状態1の過熱蒸気の比エンタルピーは、横軸からh_1[kJ/kg]と容易に読みとれます。

■図4.1.5　等比体積線■

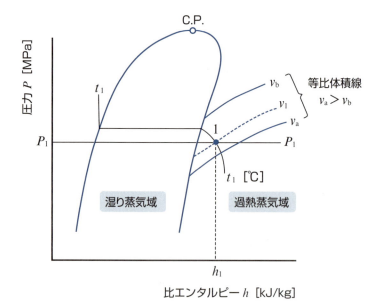

等比エントロピー線

図4.1.6のように、Ph線図上の等比エントロピー線は、過熱蒸気域にわたって右上がりの曲線で描かれています。比エントロピーsの単位はkJ/(kg・K)です。等比体積線と比べるとより急な右上がりの曲線です。

冷媒の過熱蒸気の等比エントロピー線上における状態変化1→2は、比エントロピーs_a一定の等比エントロピー変化を表します。等比エントロピー変化は、2.9節で述べたように、可逆断熱変化と同等であることに注意しましょう。

■図4.1.6 等比エントロピー線■

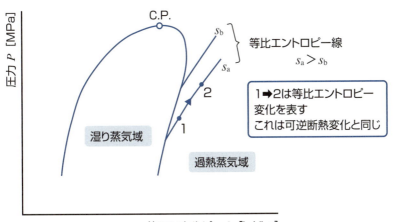

理論冷凍サイクルの圧縮機入口・出口の冷媒蒸気の可逆断熱圧縮は、この等比エントロピー線で表せます

等乾き度線

2-12節で述べたように、湿り蒸気1kg中に含まれる飽和蒸気の質量の割合を表すものが乾き度xです。図4.1.7のように、Ph線図の湿り蒸気域において、0～1の範囲で、通常0.1の間隔で等乾き度線が描かれます。飽和液の状態を表す飽和液線は$x=0$、飽和蒸気の状態を表す飽和蒸気線は$x=1$の等乾き度線とそれぞれ一致しています。場合によっては、湿り蒸気域の等乾き度線はすべて省略されることがあります。

いま、飽和圧力P_1[MPa]、乾き度$x_1=0.2$の湿り蒸気(状態1)は、a点で表される飽和蒸気20 mass%とb点で表される飽和液80 mass%とで構成されています。状態1の湿り蒸気の比エンタルピーh_1は乾き度x_1を用いて、$h_1 = x_1 h''_1 + (1 - x_1) h'_1$から計算して求めることもできます。しかし、$Ph$線図を使うと、横軸の$h_1$[kJ/kg]として直接、読み取ることができます。

■図4.1.7　等乾き度線■

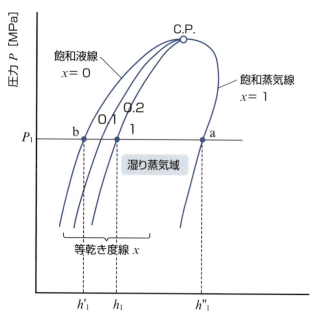

比エンタルピーの基準

いろいろな冷媒のある状態における比エンタルピー h [kJ/kg]は、便宜的にすべて0℃（273.15 K）の飽和液を基準として与えられます。図4.1.8のように、比エンタルピーについては、基準状態である0℃（273.15 K）の飽和液の比エンタルピーが、$h'=200.0$ kJ/kgとなるように定められています。ちなみに、いろいろな冷媒の比エントロピー s [kJ/(kg·K)]についても、同様に0℃（273.15 K）の飽和液を基準とし、その基準状態の比エントロピーが、$s'=1.000$ kJ/(kg·K)となるように定められています。

■図4.1.8 比エンタルピーの基準■

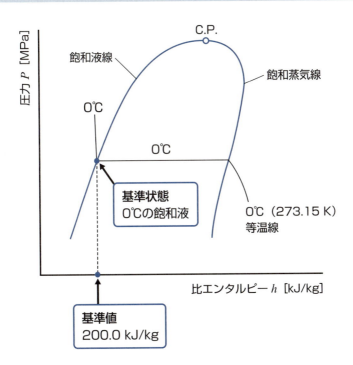

R 134aの Ph 線図

次ページの図4.1.9は、冷媒R 134aの Ph 線図です。ただし、この Ph 線図では、湿り蒸気域の等乾き度線は省略されています。

4-1 Ph 線図とは

■図 4.1.9　R134a の Ph 線図■ 巻末参考文献（15）

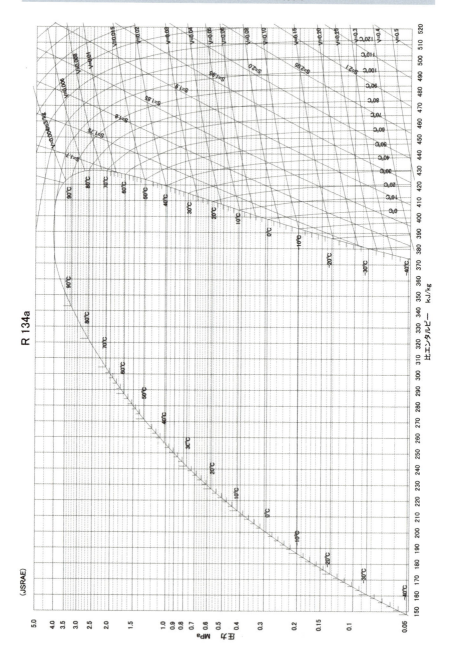

非共沸混合冷媒の Ph 線図

　第5章で詳しく述べるように、単一成分冷媒をいくつか混ぜ合わせた混合冷媒が使われることがあります。混合冷媒は単一成分冷媒と同様に、温度および圧力一定で蒸発・凝縮する**共沸混合冷媒**と、圧力一定の蒸発および凝縮で温度変化が生じる**非共沸混合冷媒**とに大別されます。

　非共沸混合冷媒では、一定圧力のもとで蒸発および凝縮するときに温度変化が起こります。そのため、非共沸混合冷媒の Ph 線図（図4.1.10）では、湿り蒸気域の等温線が水平ではなく、右下がりの傾いた直線で表されるという特徴があります。たとえば、図中、蒸発圧力 P_o で一定のまま、飽和液 a_1 の状態から飽和蒸気 b_2 の状態まで蒸発する場合を考えてみましょう。a_1 を通る等温線は $t_1 a_1 b_1 t_1$ です。一方、b_2 を通る等温線は $t_2 a_2 b_2 t_2$ となります。二つの温度は異なり、$t_1 < t_2$ です。このように、圧力一定での蒸発過程で $t_2 - t_1$ だけの温度変化が生じます。ところで、飽和液 a_1 の状態を蒸発の始まりととらえて**沸点**、飽和蒸気 b_2 の状態を凝縮（液化）の始まりととらえて**露点**、とそれぞれよぶことがあります。非共沸混合冷媒では、一定蒸発圧力 P_o における蒸発温度 t_o は、沸点および露点の温度の平均値 $(t_1 + t_2)/2$ として取り扱われます。一定凝縮圧力のもとでの凝縮温度の取り扱いも同様です。

■図4.1.10　非共沸混合冷媒の Ph 線図■

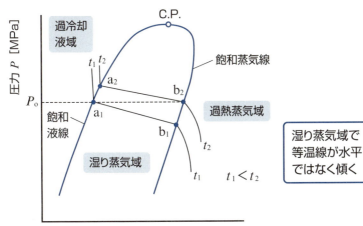

4-2 冷凍サイクルを調べる

冷凍サイクルを循環する冷媒の状態変化に着目し、冷凍装置を構成する機器における冷媒の状態変化を詳しく調べてみましょう。

冷凍サイクルと冷媒の状態変化

圧縮機、凝縮器、膨張弁、そして蒸発器から構成されている最も単純な**蒸気圧縮冷凍サイクル**を考えましょう（図4.2.1）。冷凍サイクルにおいて、冷媒は、圧縮機での圧縮1→2、凝縮器での凝縮2→3、膨張弁での絞り膨張3→4、蒸発器での蒸発4→1という4つの過程を繰り返します。冷凍サイクルを循環する冷媒になったつもりで、それぞれの機器の入口〜出口において冷媒がどのような状態変化をするのか、4つの過程を順番にたどってみましょう。それでは、まず圧縮機の入口から出発します。

■図 4.2.1　冷凍サイクルと冷媒の状態変化■

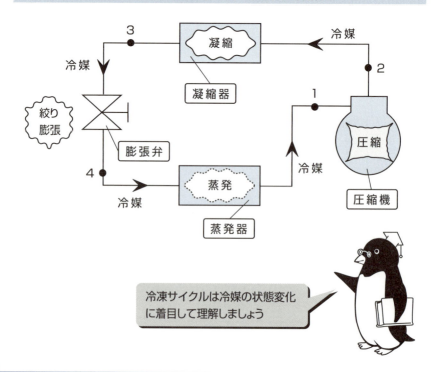

冷凍サイクルは冷媒の状態変化に着目して理解しましょう

圧縮機での圧縮過程 1 ➡ 2

　図4.2.2 のように、蒸発器で蒸発した低圧の冷媒蒸気（過熱蒸気）は**圧縮機**に吸い込まれます。この圧縮機入口の吸込み圧力は冷媒の蒸発器での蒸発圧力に等しくなっています。圧縮機の中で冷媒蒸気は、シリンダ中で往復運動するピストンなどによって仕事をされ、圧縮され、高圧になります。このとき、圧縮機でなされた圧縮仕事は熱に変わり冷媒の比エンタルピーを上昇させるので、冷媒蒸気は高圧になると同時に高温にもなります。したがって、圧縮機出口の冷媒の状態は高圧・高温の冷媒蒸気（過熱蒸気）となります。高圧になった冷媒蒸気は、次の凝縮器で常温の水や空気で冷却することによって凝縮しやすくなります。

　圧縮機の中で冷媒蒸気に起こっている状態変化は、外部と熱のやり取りをしていませんので、断熱変化です。とくに、圧縮機で何ら損失のない理想的な断熱圧縮を仮定すると、それは**可逆断熱圧縮**であると考えることができ、**等比エントロピー変化**であると言い換えることができます。圧縮機における種々の損失を考慮する実際の冷凍サイクルについては第6章で取り扱います。

■図 4.2.2　圧縮機での圧縮過程■

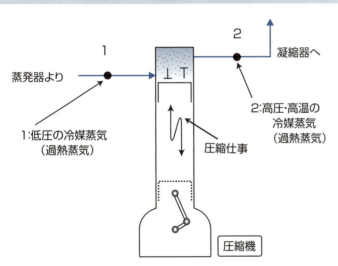

1➡2の状態変化:可逆断熱圧縮
　　　　　（等比エントロピー変化）

凝縮器での凝縮過程 2 ➡ 3

図4.2.3のように、圧縮機を出た高圧・高温の冷媒蒸気（過熱蒸気）は**凝縮器**に入ります。冷媒蒸気は、圧力一定のまま、凝縮器で冷却水または空気で冷やされ凝縮（液化）します。その間に冷媒は、過熱蒸気から飽和蒸気、湿り蒸気、飽和液の各状態を通過し、高圧の冷媒液（過冷却液）となります。冷媒が凝縮器で捨てるべき熱は、冷媒が蒸発器で奪った熱と、冷媒が圧縮機でなされた仕事との合計になっていることに注意しましょう。凝縮器の中での冷媒の状態変化は、流路の圧力損失を無視すると**等圧変化**であると考えることができます。

■図 4.2.3　凝縮器での凝縮過程■

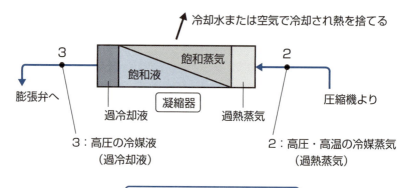

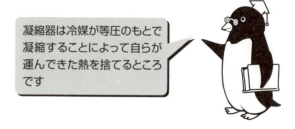

凝縮器は冷媒が等圧のもとで凝縮することによって自らが運んできた熱を捨てるところです

膨張弁での絞り膨張過程 3 ➡ 4

　凝縮器を出た高圧の冷媒液は、**膨張弁**で絞り膨張し、低圧・低温の状態になります（図4.2.4）。膨張弁出口では、冷媒は、一部蒸発した飽和蒸気と飽和液の共存する湿り蒸気の状態となっています。このように、膨張弁は、冷媒液に対して、次の蒸発器において低温で蒸発しやすい状態にする減圧作用を行います。なお、膨張弁は冷媒液の流量を制御する役目ももっています。膨張弁での冷媒の状態変化は**絞り膨張**であり、その変化は、冷媒の運動エネルギーや位置エネルギーの変化を無視すると、比エンタルピー一定の変化、すなわち**等比エンタルピー変化**とみなすことができます。

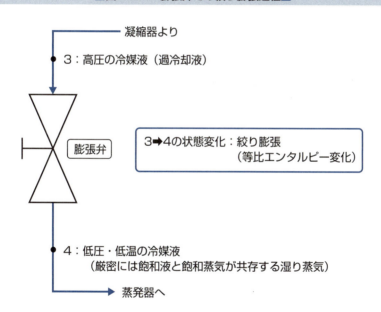

■図4.2.4　膨張弁での絞り膨張過程■

蒸発器での蒸発過程 4 ➡ 1

膨張弁を出た低圧・低温の冷媒液（厳密には湿り蒸気の状態）は、**蒸発器**に入ります。蒸発器では、冷媒液は蒸発しながら外部の冷却しようとする流体（空気、水、ブラインなど）から熱を奪います。蒸発器の中での冷媒の状態変化は、流路の圧力損失を無視すると、凝縮器と同様、圧力一定の**等圧変化**であると考えられます（図4.2.5）。

こうして、外部から熱を奪って蒸発し、過熱度3〜8K程度にまでに加熱された冷媒蒸気（過熱蒸気）は、再び圧縮機に吸い込まれ、冷凍サイクルを繰り返します。

■図4.2.5　蒸発器での蒸発過程■

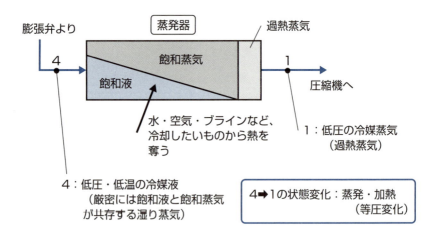

4-3 Ph線図で冷凍サイクルを見る

前節で詳しく調べた冷凍サイクルにおける冷媒の状態変化にもとづいて、Ph線図に冷凍サイクルを表します。

冷媒の状態変化のまとめ

前節で述べた冷凍サイクルにおける冷媒の状態変化をまとめると、表4.3.1のようになります。

■表4.3.1　冷凍サイクルにおける冷媒の状態変化■

状態・状態変化	機器	冷媒の状態	冷媒の状態変化	Ph線図
1	圧縮機入口（蒸発器出口）	低圧の過熱蒸気		過熱蒸気域
1→2	圧縮機		可逆断熱圧縮（等比エントロピー変化）	等比エントロピー線上
2	圧縮機出口（凝縮器入口）	高圧・高温の過熱蒸気		過熱蒸気域
2→3	凝縮器		冷却・凝縮・過冷却（等圧変化）	等圧線上
3	凝縮器出口（膨張弁入口）	高圧の過冷却液		過冷却液域
3→4	膨張弁		絞り膨張（等比エンタルピー変化）	等比エンタルピー線上
4	膨張弁出口（蒸発器入口）	低圧・低温の湿り蒸気（飽和液＋飽和蒸気）		湿り蒸気域
4→1	蒸発器		蒸発・過熱（等圧変化）	等圧線上
1	圧縮機入口（蒸発器出口）	低圧の過熱蒸気		過熱蒸気域

4-3 Ph線図で冷凍サイクルを見る

■ Ph線図上の冷凍サイクル

図4.3.1に、冷凍装置における冷媒の状態変化とPh線図上に表した**冷凍サイクル**を示します。

損失のない理想的な圧縮機では、低圧の過熱蒸気1から高圧・高温の過熱蒸気2まで、冷媒蒸気は可逆断熱圧縮されるので、この圧縮過程1➡2は、右上がりの等比エントロピー線上に表されます。

凝縮器では、高圧・高温の過熱蒸気2は冷却され、飽和蒸気2'および飽和液3'の状態を通過し、高圧の過冷却液3となります。この冷却凝縮過程2➡3は圧力P_k一定で起こるので、水平な等圧線上に比エンタルピーが減少する方向に表されます。なお、飽和蒸気2'から飽和液3'までの凝縮は温度t_k一定で起こります。

高圧の過冷却液3の冷媒は膨張弁で絞り膨張し、低圧・低温の湿り蒸気（低乾き度）4の状態になります。絞り膨張は比エンタルピー一定の変化とみなされるので、この絞り膨張過程3➡4は垂直な等比エンタルピー線上で圧力が減少する方向に示されます。

蒸発器では、低圧・低温の湿り蒸気は、冷却すべき流体から熱を奪い、圧力P_oおよび温度t_o一定で蒸発し、飽和蒸気1'を通過し、低圧の過熱蒸気1の状態になるまで変化します。この蒸発および過熱過程4➡1は圧力P_o一定で起こるので、水平な等圧線上に比エンタルピーが増加する方向に表されます。

このように、冷凍サイクルは、冷媒の状態変化に着目して、1本の曲線（等比エントロピー線）と3本の直線（等圧線、等比エンタルピー線、等圧線）によって、Ph線図上に直接目に見えるかたちで表されることがわかりました。ひとたび、Ph線図上に冷凍サイクルが示されると、各状態点1、2、3、4における冷媒の比エンタルピーの値h_1、h_2、h_3、h_4（$=h_3$）は、Ph線図の横軸から容易に読み取ることができます。

4-3 Ph線図で冷凍サイクルを見る

■図 4.3.1　冷媒の状態変化と Ph 線図上の冷凍サイクル■

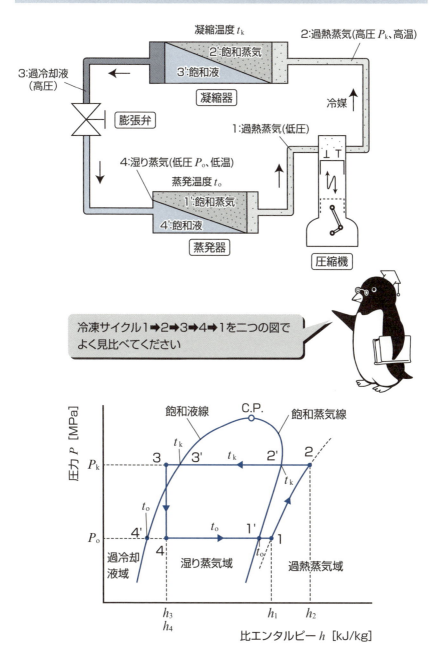

冷凍サイクル1➡2➡3➡4➡1を二つの図でよく見比べてください

4-4 Ph線図で過熱度と過冷却度を見る

　冷凍サイクルにおいて、圧縮機入口および出口の冷媒は高圧・高温の過熱蒸気の状態です。一方、膨張弁入口の冷媒は高圧の過冷却液の状態です。過熱蒸気の過熱度および過冷却液の過冷却度について、Ph線図を使って理解しましょう。

■ 過熱蒸気の過熱度

　圧縮機入口の冷媒蒸気の状態のように、ある圧力に対応する飽和温度よりも高い温度にある蒸気を過熱蒸気といいます。この過熱蒸気の過熱の程度を表すものが**過熱度**です。過熱度は、過熱蒸気の温度と、同じ圧力にある飽和温度との温度差のことを指しています。図4.4.1 (a) のPh線図上に過熱度を表してみましょう。状態1にある過熱蒸気の圧力をP_1[MPa]および温度をt_1[℃]とします。過熱蒸気の温度t_1と圧力P_1における飽和温度t_{s1}[℃]との温度差t_1-t_{s1}[K]が、この状態1にある過熱蒸気の過熱度です。過熱度が大きいほど、同じ圧力にある飽和蒸気1'からの過熱の度合いが大きくなることを表します。過熱度は温度差であることから、その単位としてK（ケルビン）が用いられることがあります。

■ 過冷却液の過冷却度

　図4.4.1 (b) の状態3で示される過冷却液を考えます。この過冷却液の圧力をP_3[MPa]、温度をt_3[℃]とします。過冷却液の圧力P_3と同じ圧力における飽和温度をt_{s3}[℃]とします。この状態3の過冷却液の**過冷却度**とは、過冷却液の圧力P_3と同じ圧力における飽和温度t_{s3}と過冷却液の温度t_3との温度差$t_{s3}-t_3$のことをいいます。温度差なので、過熱度と同様に、K（ケルビン）の単位で表されることがあります。

　凝縮器出口の状態に見られるように、飽和液の状態にある冷媒液をさらに冷却すると過冷却液となり、その過冷却液の圧力と同じ圧力における飽和温度と過冷却液の温度との温度差が過冷却度です。

4-4 Ph 線図で過熱度と過冷却度を見る

■図 4.4.1　Ph 線図で過熱度と過冷却度を見る■

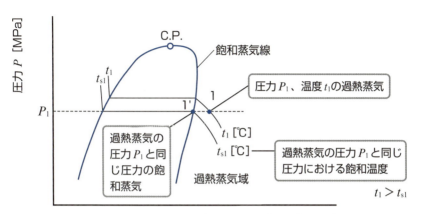

(a) 過熱度 $t_1 - t_{s1}$

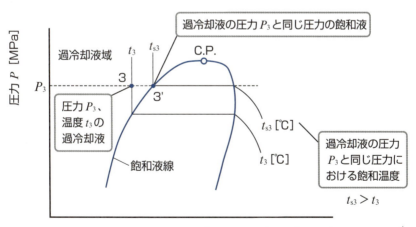

(b) 過冷却度 $t_{s3} - t_3$

4-5 冷凍サイクルを異なる視点から見る

冷凍サイクルを Ph 線図以外の状態線図に表してみます。Ph 線図に表された冷凍サイクルを別の視点から見ることによって、冷凍サイクルについての理解を深めましょう。

■ Ph 線図、PT 線図、Pv 線図および Ts 線図に表した冷凍サイクルを比べる

冷凍サイクル1➡2➡3➡4➡1は次のとおりとします。

状態変化	機器	冷媒の状態変化
1➡2	圧縮機	断熱圧縮（等比エントロピー変化）
2➡3	凝縮器	凝縮（等圧変化）
3➡4	膨張弁	絞り膨張（等圧変化）
4➡1	蒸発器	蒸発（等圧変化）

また、凝縮器および蒸発器における圧力および温度は以下のとおりとします。

凝縮圧力：P_k
凝縮温度：t_k
蒸発圧力：P_o
蒸発温度：t_o

図4.5.1（a）～（d）に、それぞれ Ph 線図、PT 線図、Pv 線図および Ts 線図に表した**冷凍サイクル**を示します。それぞれの冷凍サイクル1➡2➡3➡4➡1を比べてみましょう。冷凍サイクルはそれぞれ左回りで表されていることは同じですが、1本の曲線（等比エントロピー線12）と3本の直線（等圧線23、等比エンタルピー線34、等圧線41）によって表されている Ph 線図上の冷凍サイクルが最も簡潔であることがわかります。

さらに、Ph 線図では、冷媒の各状態における比エンタルピーの値および各状態変化前後における比エンタルピー差を、横軸から読み取ることができて便利です。冷凍サイクルを見る（解析する）には、Ph 線図が最適であるといえるでしょう。

■図 4.5.1 冷凍サイクルを異なる視点から見る■

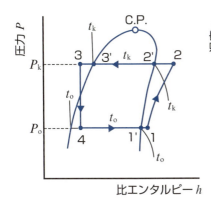

(a) Ph 線図　　　(b) Ts 線図

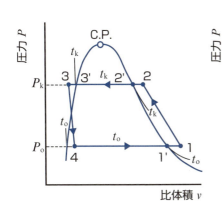 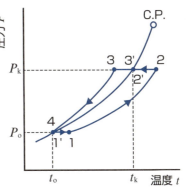

(c) Pv 線図　　　(d) PT 線図

冷凍サイクルには Ph 線図がベストですね

冷凍サイクル：1 ➡ 2 ➡ 3 ➡ 4 ➡ 1
凝縮圧力：P_k　　凝縮温度：t_k
蒸発圧力：P_o　　蒸発温度：t_o

4-6 理論冷凍サイクルを見る

理論冷凍サイクルの冷媒循環量、冷凍効果、冷凍能力、断熱圧縮動力および成績係数などについて理解しましょう。

冷媒循環量

前述したように、損失のない理想的な圧縮機、凝縮器、膨張弁および蒸発器から構成されている冷凍装置（冷凍機）を循環する冷媒の状態変化を**理論冷凍サイクル**といいます。図4.6.1に理論冷凍サイクルを示します。冷凍装置を循環する冷媒の量は通常、1秒あたりの質量流量で表されます。これを**冷媒循環量**とよび、q_{mr}[kg/s]で表します。冷媒循環量は、圧縮機の1秒あたりの吸込み量（体積流量）q_V[m³/s]から、次式により求められます。

$$q_{mr} = \frac{q_V}{v_1} \qquad 式(4.6.1)$$

■図 4.6.1　理論冷凍サイクル■

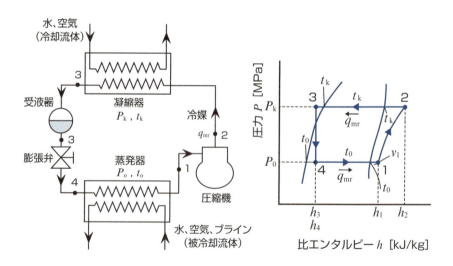

ただし、
q_{mr}：冷媒循環量[kg/s]
q_v：圧縮機吸込み量[m³/s]
v_1：圧縮機入口の冷媒（過熱蒸気）の比体積[m³/kg]

圧縮機の実際の吸込み量q_{vr}を用いて冷媒循環量を求めるときには、後述する式(6.2.5)を使用します。

時間によらない定常状態では、冷凍サイクルの各機器および配管内における冷媒循環量は一定であり、定常流れ系であると考えられます。通常、機器および配管からの熱損失、冷媒の運動エネルギーおよび位置エネルギーの変化量は無視できるものとして扱われます。したがって、凝縮器や蒸発器で冷媒が授受する熱量あるいは圧縮機で冷媒になされる仕事量などは、すべて冷媒のエンタルピー変化（冷媒1kgあたりでは比エンタルピー変化）として表されます。

冷凍効果と冷凍能力

冷凍サイクルの蒸発器では、冷媒は、蒸発・過熱して周囲の水や空気（被冷却流体）から熱を奪います。この等圧変化4➡1の間に、冷媒の比エンタルピーはh_4からh_1まで増加します。冷媒1kgが周囲の被冷却流体から奪う熱量w_r[kJ/kg]は、**冷凍効果**とよばれます。冷凍効果は、冷媒1kgが被冷却流体から受け取る熱量に等しく、蒸発器入口から出口までの冷媒の比エンタルピーの増加量$h_1 - h_4$[kJ/kg]に等しくなります。よって、次式が成り立ちます。

$$w_r = h_1 - h_4 \qquad 式(4.6.2)$$

ただし、
w_r：冷凍効果[kJ/kg]
h_1：蒸発器出口の冷媒（過熱蒸気）の比エンタルピー[kJ/kg]
h_4：蒸発器入口の冷媒（湿り蒸気）の比エンタルピー[kJ/kg]

冷凍効果の大きさは、h_4およびh_1の値に影響を及ぼす運転条件、すなわち、凝縮温度t_k、蒸発温度t_o、凝縮器出口の過冷却度、蒸発器出口の過熱度などによって変わります。

さて、冷凍装置によって被冷却流体を冷却できる能力のことを、**冷凍能力**といいます。冷凍装置の冷凍能力Φ_o[kJ/s]または[kW]は、次式のように、冷凍効果w_r[kJ/kg]と冷媒循環量q_{mr}[kg/s]との積として求められます。

$$\Phi_o = q_{mr} w_r = q_{mr}(h_1 - h_4) \qquad 式(4.6.3)$$

ただし、

Φ_o ：冷凍能力[kJ/s]または[kW]

q_{mr} ：冷媒循環量[kg/s]

h_1 ：蒸発器出口の冷媒（過熱蒸気）の比エンタルピー[kJ/kg]

h_4 ：蒸発器入口の冷媒（湿り蒸気）の比エンタルピー[kJ/kg]

冷凍能力は、冷媒の冷凍効果が大きいほど、また冷媒循環量が増加するほど、大きくなることがわかります。

冷凍能力の単位には通常kWが用いられますが、**冷凍トン**（Rt）とよばれる特別な単位で表されることがあります。1冷凍トン（1 Rt）とは、0℃の水1トン（1000 kg）を1日（24時間）で0℃の氷にするために冷却しなければならない熱流量のことです。0℃の氷の融解熱333.6 kJ/kgから、冷凍トン（Rt）とkWとは次の換算式で関係づけられます。

1冷凍トン（Rt）＝333.6×1000/（24×3600）kJ/s＝3.861 kW

冷凍装置の冷凍能力を1日・1トンの製氷能力を単位にして表すのは、いかにも冷凍の分野らしい方式です。

理論圧縮動力

圧縮機が損失もなく冷媒蒸気を理想的な可逆断熱圧縮をしているときに要する動力を**理論圧縮動力**といいます。冷凍サイクルの1➡2で示される可逆断熱圧縮は等比エントロピー変化です。この間に圧縮機で冷媒蒸気1 kgあたり

に加えられる仕事は冷媒蒸気の保有する熱に変わり、冷媒蒸気の比エンタルピーをh_1からh_2まで増加させます。したがって、理論圧縮動力P_{th}[kJ/s]または[kW]は、圧縮機出口・入口の冷媒蒸気の比エンタルピー差$h_2 - h_1$に冷媒循環量q_{mr}を乗ずることによって求めることができます。

$$P_{th} = q_{mr}(h_2 - h_1) \qquad 式(4.6.4)$$

ただし、
P_{th} ：理論圧縮動力[kJ/s]または[kW]
q_{mr} ：冷媒循環量[kg/s]
h_1 ：圧縮機入口の冷媒（過熱蒸気）の比エンタルピー[kJ/kg]
h_2 ：圧縮機出口の冷媒（過熱蒸気）の比エンタルピー[kJ/kg]

　図4.6.1のPh線図に示される可逆断熱圧縮1➡2を見ると、理論圧縮動力は運転条件によって次のように変化することがわかります。冷媒循環量一定の条件のもとでは、圧縮機の出口および入口の**圧力比**（または圧縮比）$P_2/P_1 = P_k/P_o$が大きければ大きいほど、すなわち蒸発圧力P_oが低ければ低いほど、逆に凝縮圧力P_kが高ければ高いほど、圧縮機出口および入口の比エンタルピー差$h_2 - h_1$は大きくなるので、理論圧縮動力P_{th}は増加します。

凝縮負荷

　冷凍サイクルの凝縮器では、冷媒は外部の水や空気の冷却流体によって冷やされ、凝縮します。等圧変化2➡3の間に、冷媒の比エンタルピーはh_2からh_3まで減少します。凝縮器で放熱すべき、すなわち取り去るべき伝熱量を**凝縮負荷**$\varPhi_k$といいます。したがって、凝縮負荷は、凝縮器入口および出口の冷媒の比エンタルピー差$h_2 - h_3$と冷媒循環量q_{mr}の積で求められます。また、凝縮負荷$\varPhi_k$は、次式で示されるように、冷凍能力$\varPhi_o$に理論圧縮動力P_{th}を加えたものと等しくなります。これは、図4.6.1に示した冷凍サイクルの横軸の長さの関係が、ちょうど、$(h_2 - h_3) = (h_1 - h_4) + (h_2 - h_1)$となっていることからもわかります。

$$\Phi_k = q_{mr}(h_2 - h_3) = q_{mr}(h_2 - h_4) = q_{mr}\{(h_1 - h_4) + (h_2 - h_1)\}$$
$$= q_{mr}(h_1 - h_4) + q_{mr}(h_2 - h_1) = \Phi_o + P_{th} \qquad 式(4.6.5)$$

ただし、

Φ_k：凝縮負荷[kJ/s]または[kW]

q_{mr}：冷媒循環量[kg/s]

h_2：凝縮器入口の冷媒（過熱蒸気）の比エンタルピー[kJ/kg]

$h_3(=h_4)$：凝縮器出口の冷媒（過冷却液）の比エンタルピー[kJ/kg]

Φ_o：冷凍能力[kJ/s]または[kW]

P_{th}：理論圧縮動力[kJ/s]または[kW]

理論冷凍サイクルの成績係数

　冷凍装置は、圧縮機で動力を消費し、蒸発器で冷凍能力を発揮して、ものを冷やすという本来の目的を達成します。冷凍装置の性能の良否を評価するために、**成績係数**（Coefficient of performance）とよばれる数値が用いられます。冷凍装置の成績係数は冷凍能力／圧縮動力という比の値で定義されます。成績係数は略して*COP*とよばれることが多々あります。冷凍能力と圧縮動力には同じ単位を用います。*COP*は単位をもたない無次元数です。この*COP*は冷凍サイクルの効率を表す尺度となります。*COP*の値が大きければ大きいほど、少ない消費圧縮動力で大きな冷凍能力が得られます。

　理論冷凍サイクルの冷凍機としての成績係数は次式によって定義されます。

$$(COP)_{th.R} = \frac{\Phi_o}{P_{th}} = \frac{q_{mr}(h_1 - h_4)}{q_{mr}(h_2 - h_1)} = \frac{h_1 - h_4}{h_2 - h_1} \qquad 式(4.6.6)$$

ただし、

$(COP)_{th.R}$：理論冷凍サイクルの成績係数[－]

Φ_o：冷凍能力[kJ/s]または[kW]

P_{th}：理論圧縮動力[kJ/s]または[kW]

h_1：圧縮機入口または蒸発器出口の冷媒（過熱蒸気）の比エンタルピー[kJ/kg]

h_2：圧縮機出口の冷媒（過熱蒸気）の比エンタルピー[kJ/kg]

h_4：蒸発器入口の冷媒（湿り蒸気）の比エンタルピー[kJ/kg]

理論冷凍サイクルの成績係数は、同じ運転条件のもとでも使用する冷媒の種類によって変化しますが、同じ冷媒を使用する冷凍サイクルでは運転条件が変わると大きく変化します。また、実際の冷凍サイクルでは圧縮機での断熱圧縮時の不可逆損失や機械損失を伴うのでより多くの圧縮動力が必要とされ、運転条件が同じであっても、実際の冷凍サイクルの成績係数は、式（4.6.6）から求められる理論冷凍サイクルの成績係数より小さくなります。

　次に、理論冷凍サイクルにおいて、ヒートポンプとしての成績係数を定義します。ヒートポンプは、圧縮機で動力を消費して、蒸発器で周囲から熱を奪い、凝縮器での放熱量（凝縮負荷）Φ_k を暖房や加熱に利用します。したがって、**理論ヒートポンプサイクルの成績係数**は次式によって求められます。

$$(COP)_{th.H} = \frac{\Phi_k}{P_{th}} = \frac{q_{mr}(h_2 - h_3)}{q_{mr}(h_2 - h_1)} = \frac{h_2 - h_3}{h_2 - h_1} = \frac{h_2 - h_4}{h_2 - h_1} \qquad 式（4.6.7）$$

ただし、

$(COP)_{th.H}$：理論ヒートポンプサイクルの成績係数［－］

Φ_k：凝縮負荷［kJ/s］または［kW］

P_{th}：理論圧縮動力［kJ/s］または［kW］

h_1：圧縮機入口の冷媒（過熱蒸気）の比エンタルピー［kJ/kg］

h_2：圧縮機出口または凝縮器入口の冷媒（過熱蒸気）の比エンタルピー［kJ/kg］

$h_3 (=h_4)$：凝縮器出口の冷媒（過冷却液）の比エンタルピー［kJ/kg］

h_4：蒸発器入口の冷媒（湿り蒸気）の比エンタルピー［kJ/kg］

　また、式（4.6.6）と式（4.6.7）より、$(COP)_{th.H}$ と $(COP)_{th.R}$ との間には常に次の関係が成立することが導かれます。

$$(COP)_{th.H} = \frac{h_2 - h_4}{h_2 - h_1} = \frac{h_2 - h_1 + h_1 - h_4}{h_2 - h_1} = (COP)_{th.R} + 1 \qquad 式（4.6.8）$$

4-7 運転条件が成績係数に及ぼす影響を見る

　前節で述べたように、理論冷凍サイクルの成績係数は運転条件によって変化します。ここでは、過冷却度、過熱度、蒸発圧力、凝縮圧力など冷凍サイクルの運転条件の変化が成績係数に及ぼす影響を調べます。

過冷却度の影響

　図4.7.1のように、凝縮圧力P_kが一定のまま、高圧冷媒液の過冷却度が大きくなり、過冷却液の状態が3→3'に変化した場合を考えましょう。絞り膨張の前後では比エンタルピーは等しく、$h_3=h_{4'}$です。したがって、冷媒の冷凍効果は、$h_1-h_4<h_1-h_{4'}$と大きくなり、冷凍能力は増加します。前項の式（4.6.6）の分子の値が大きくなるので、成績係数は大きくなります。このように、冷媒液の過冷却度を大きくすることにより成績係数を改善できますが、凝縮器での冷媒の冷却流体は常温の空気や水であり、それらの温度以下に冷媒液を過冷却することはできません。このため、冷凍サイクルの凝縮器出口における冷媒液の**過冷却度**は通常5K程度としています。

■図4.7.1　凝縮器出口における冷媒液の過冷却度の影響■

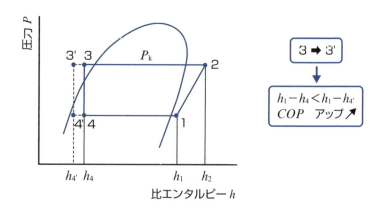

過熱度の影響

図4.7.2のように、蒸発圧力P_oが一定のまま、蒸発器出口（圧縮機入口）における冷媒蒸気の過熱度が状態1 ➡ 1'のように大きくなると、冷媒の冷凍効果は$h_1 - h_4 < h_{1'} - h_4$と大きくなります。しかしながら、成績係数が大きくなるか小さくなるかは、断熱圧縮仕事の大小にも関係するので、最終的には冷媒の種類や蒸発圧力などによって決まります。

ところで、蒸発器出口の冷媒蒸気の過熱度が大きくなると、蒸発器の伝熱性能が低下するマイナスの効果が現れます。このため、蒸発器出口の冷媒蒸気の**過熱度**は、通常3〜8 Kとなるように制御されています。また、圧縮機入口の冷媒蒸気の過熱度が大きくなると、圧縮機出口の吐出しガスの温度が高くなり、圧縮機の潤滑油を劣化させ、圧縮機の寿命を短くするという悪影響があるため、通常、吐出しガスの温度の上限は120〜130℃にとられています。

■図4.7.2　蒸発器出口の冷媒蒸気の過熱度の影響■

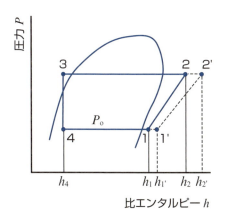
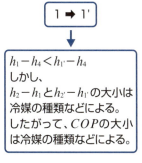

蒸発圧力と凝縮圧力の影響

図4.7.3に示すように、凝縮器出口の冷媒液の過冷却度と圧縮機入口の冷媒蒸気の過熱度が同じ条件のもとで、**蒸発圧力**が低下すると同時に**凝縮圧力**が高くなる場合を調べます。この運転条件の変化によって、冷凍サイクル1➡2➡3➡4➡1が1'➡2'➡3'➡4'➡1'のように変わったとします。ただし、図中でこれらの運転条件および冷凍サイクルの変化は定性的に描かれていることに注意してください。また、蒸発圧力の低下は蒸発温度の低下、凝縮圧力の上昇は凝縮温度の上昇とそれぞれ読み替えることができます。

図から、凝縮圧力の上昇および蒸発圧力の低下によって、冷媒蒸気の可逆断熱圧縮に要する仕事は$h_2 - h_1 < h_{2'} - h_{1'}$のように大きくなり、逆に冷媒の冷凍効果は$h_1 - h_4 > h_{1'} - h_{4'}$のように小さくなることがわかります。その結果、式(4.6.6)の分母は大きく、分子は小さくなるので、成績係数は小さくなります。さらに、蒸発圧力が単独で低下する場合も、あるいは凝縮圧力だけが単独で上昇する場合にも、圧縮仕事の増加と冷凍効果の減少が生じ、成績係数は小さくなることがわかります。

■図 4.7.3　蒸発圧力の低下と凝縮圧力の上昇の影響■

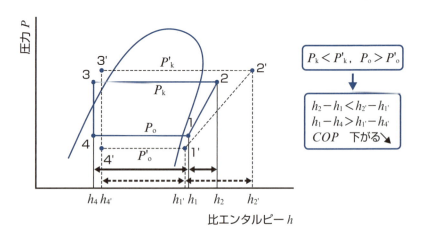

4-8 理論冷凍サイクルを解く

理論冷凍サイクルの問題を解いて、冷凍サイクルについての理解度を確認しましょう。

R717を用いた理論冷凍サイクルの問題

図4.8.1は、R717（アンモニア）を用いる冷凍装置の理論冷凍サイクルの運転条件を示したものです。

■図4.8.1　R717理論冷凍サイクルの運転条件■

凝縮温度 t_k=40℃

凝縮器出口の冷媒液の過冷却度 5 K

蒸発温度 t_o=－30℃

圧縮機入口の冷媒蒸気の過熱度 5 K

圧縮機入口の吸込み蒸気の比体積 v_1=0.987 m³/kg

冷媒循環量 q_{mr}=0.0850 kg/s

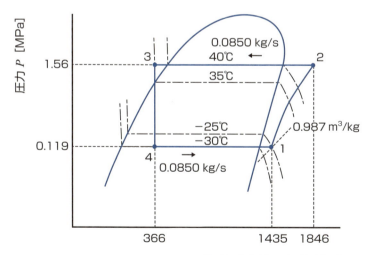

4-8 理論冷凍サイクルを解く

図中には、各状態点の冷媒の比エンタルピーが与えられている。次の各問に答えなさい。

(1) 冷凍効果を求めなさい。
(2) 冷凍能力を求めなさい。
(3) 理論圧縮動力を求めなさい。
(4) 理論冷凍サイクルの成績係数を求めなさい。
(5) 圧縮機入口の吸込み蒸気量を求めなさい。
(6) この冷凍装置をヒートポンプとして用いるときの成績係数を求めなさい。

解答例

(1) 冷凍効果

冷媒の冷凍効果 w_r は、定義式（4.6.2）より、図中の状態1および4の比エンタルピーの値を使って、次のように求められる。

$$w_r = h_1 - h_4 = 1435 - 366 = 1069 \quad \text{kJ/kg}$$

(2) 冷凍能力

冷凍能力 Φ_o は、冷凍効果 w_r に冷媒循環量 q_{mr} を乗じて、計算できる。

$$\Phi_o = q_{mr} w_r = 0.0850 \times 1069 = 90.9 \quad \text{kW}$$

kWの単位で表された冷凍能力を、冷凍トン（Rt）の単位で表すと、Φ_o=90.9 kW=90.9/3.861 Rt=23.5 Rtとなります。

(3) 理論圧縮動力

理論圧縮動力 P_{th} は、圧縮機出口（状態2）および入口（状態1）の冷媒蒸気の比エンタルピー差 $h_2 - h_1$ に冷媒循環量 q_{mr} を乗じて求められる。

$$P_{th} = q_{mr}(h_2 - h_1) = 0.0850 \times (1846 - 1435) = 0.0850 \times 411 = 34.9 \quad \text{kW}$$

(4) 理論冷凍サイクルの成績係数

理論冷凍サイクルの成績係数 $(COP)_{th.R}$ は、定義式 (4.6.6) より、前問 (2) と (3) の結果を用いて、次のように求められる。

$$(COP)_{th.R} = \frac{\Phi_o}{P_{th}} = \frac{90.9}{34.9} = 2.60$$

(5) 圧縮機入口の吸込み蒸気量

体積流量で表される吸込み蒸気量 q_v [m³/s] は、式 (4.6.1) より、圧縮機入口の状態1における比体積 v_1 [m³/kg] に、冷媒循環量 q_{mr} [kg/s] を乗じて、次のように求められる。

$$q_v = v_1 q_{mr} = 0.987 \times 0.0850 = 0.0839 \text{ m}^3/\text{s}$$

ただし、実際の圧縮機は 6-2 節で述べるピストン押しのけ量 V [m³/s] より多くの冷媒蒸気を吸い込むことはできないことに注意してください。

(6) 理論ヒートポンプサイクルとしての成績係数

凝縮負荷 Φ_k は、式 (4.6.5) に前問 (2) と (3) の結果を代入して、

$$\Phi_k = \Phi_o + P_{th} = 90.9 + 34.9 = 125.8 \text{ kW}$$

と計算される。したがって、理論ヒートポンプサイクルの成績係数 $(COP)_{th.H}$ は、定義式 (4.6.7) のとおり、凝縮負荷 Φ_k を理論圧縮動力 P_{th} で除すことによって得ることができる。

$$(COP)_{th.H} = \frac{\Phi_k}{P_{th}} = \frac{125.8}{34.9} = 3.60$$

前問 (4) の結果と比べて、$(COP)_{th.H}$ は $(COP)_{th.R}$ よりちょうど1だけ大きくなっていることを確認してください。

4-9 二段圧縮冷凍サイクルを見る

成績係数の低下を防いでより低い蒸発温度を実現するために、二段圧縮方式を採用した冷凍装置が使われます。ここでは、その二段圧縮冷凍サイクルを学びます。

なぜ圧縮機を2台使うのか

　圧縮機1台を用いる単段の冷凍装置では、－30℃以下の蒸発温度を得ようとすると成績係数の低下や圧縮機吐出しガス温度の上昇による弊害が現れてきます。これらを避けるために、冷媒蒸気の圧縮を二段回に分けて行う**二段圧縮冷凍サイクル**が採用されます。冷媒蒸気の圧縮を高段および低段の2台の圧縮機で行うことにより、一段あたりの圧力比（圧縮比）を小さくして、総合的な成績係数の低下を防ぎます。同時に、中間冷却器を設けて、一段目の圧縮機吐出しガス温度を一度飽和温度近くまで下げることによって二段目の吐出しガス温度の上昇を抑えます。この二段圧縮冷凍サイクルは低温用冷凍装置に広く用いられています。

二段圧縮冷凍装置の構成

　図4.9.1に、二段圧縮冷凍装置の構成を示します。蒸発器を出た低圧の冷媒蒸気は状態1で**低段圧縮機**に入り、中間圧力まで断熱圧縮されて状態2になります。次に、低段圧縮機から出た冷媒蒸気は**中間冷却器**に入ります。中間冷却器では、状態5の高圧冷媒液をバイパスさせて**中間冷却器用膨張弁**で絞り膨張させた状態6の中間圧力で低温の冷媒（湿り蒸気）が入り込み、低段圧縮機から吐き出される冷媒蒸気を状態2から状態3まで冷却します。また、中間冷却器では、通常の蒸発器用の膨張弁に向かう大部分の高圧冷媒液（状態5）も同時に冷却され、その過冷却度は状態7まで大きくなります。この中間冷却器の過冷却により、蒸発器での冷媒の冷凍効果は増加します。

　さて、中間冷却器を出た飽和蒸気に近い状態3の冷媒蒸気は**高段圧縮機**に入り、断熱圧縮されて状態4の高圧高温の過熱蒸気になります。ついで、高段圧縮機を出た冷媒蒸気は凝縮器で冷却、凝縮、さらに冷却され、状態5の過冷却液となります。状態5の過冷却液の大部分は前述の中間冷却器を通り過冷却度を大きくした過冷却液（状態7）となり、膨張弁に入ります。膨張弁では、冷媒

は状態7の高圧の過冷却液から状態8の低圧・低温の湿り蒸気まで、比エンタルピー一定のまま絞り膨張します。ついで、冷媒は蒸発器に入り、状態8から状態1まで等圧で蒸発、一部過熱される間に被冷却流体から熱を奪い、状態1の低圧の過熱蒸気となります。蒸発器を出た状態1の冷媒蒸気は再び低段圧縮機に吸込まれ、サイクルが繰り返されます。

二段圧縮冷凍サイクルを見る

図4.9.2は圧縮機での諸損失を無視した理論二段圧縮冷凍サイクルを Ph 線図に表したものです。Ph 線図上のサイクルの状態点は、図4.9.1の冷凍装置の状態点と一致します。二段圧縮冷凍サイクルを循環する冷媒の各状態および状態変化を表4.9.1にまとめます。これと前述の装置での説明を参考にして、Ph 線図上でのメインサイクル1➡2➡3➡4➡5➡7➡8➡1およびバイパス経路5➡6➡3を冷媒の状態変化と対応づけて巡ってみましょう。

■表4.9.1 二段圧縮冷凍サイクル■

状態変化	機器	冷媒の状態（入口）	冷媒の状態（出口）	状態変化
メイン				
1➡2	低段圧縮機	1：低圧の過熱蒸気	2：中間圧力の過熱蒸気	可逆断熱圧縮、等比エントロピー
2➡3	中間冷却器	2：中間圧力の過熱蒸気	3：中間圧力の飽和温度近くの過熱蒸気	等圧、中間圧力 P_m
3➡4	高段圧縮機	3：中間圧力の飽和温度近くの過熱蒸気	4：高温高圧の過熱蒸気	可逆断熱圧縮、等比エントロピー
4➡5	凝縮器	4：高温高圧の過熱蒸気	5：高圧の過冷却液	等圧、凝縮圧力 P_k
5➡7	中間冷却器	5：高圧の過冷却液	7：高圧、過冷却度を増した冷却液	等圧、中間圧力 P_m
7➡8	膨張弁	7：高圧、過冷却度を増した過冷却液	8：低圧低温の湿り蒸気	絞り膨張、等比エンタルピー
8➡1	蒸発器	8：低圧低温の湿り蒸気	1：低圧の過熱蒸気	等圧、蒸発圧力 P_o
バイパス				
5➡6	中間冷却用膨張弁	5：高圧の過冷却液	6：中間圧力の湿り蒸気	絞り膨張、等比エンタルピー
6➡3	中間冷却器	6：中間圧力の湿り蒸気	3：低段圧縮機からの冷媒蒸気と合流し、中間圧力の過熱蒸気となる	等圧、中間圧力 P_m

4-9 二段圧縮冷凍サイクルを見る

■図 4.9.1　二段圧縮冷凍装置の構成■

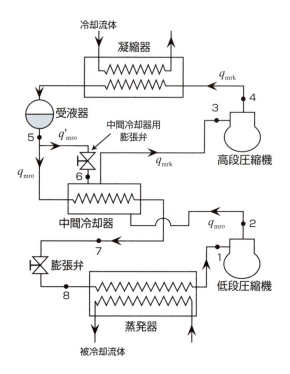

■図 4.9.2　理論二段圧縮冷凍サイクル■

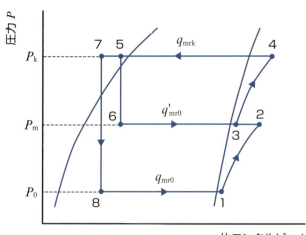

理論二段圧縮冷凍サイクルの成績係数

　図4.9.1および図4.9.2に、状態3➡4➡5の凝縮器を通る高段側の冷媒循環量 q_{mrk}[kg/s]、状態5➡7➡8➡1➡2➡3の蒸発器を通る低段側の冷媒循環量 q_{mro}[kg/s]および状態5➡6➡3の中間冷却器を通るバイパス冷媒の流量 $q_{mro'}$[kg/s]をそれぞれ示します。冷媒の各状態の比エンタルピーの単位はkJ/kgとします。

　バイパス冷媒による冷凍効果 $h_3 - h_6$ は、低段圧縮機吐出しガスからの熱の除去分 $h_2 - h_3$ および高圧液の過冷却分 $h_5 - h_7$ に寄与しますので、中間冷却器での熱収支から次式が得られます。

$$q'_{mro}(h_3 - h_6) = q_{mro}\{(h_2 - h_3) + (h_5 - h_7)\} \quad 式(4.9.1)$$

よって、

$$q'_{mro} = q_{mro}\frac{(h_2 - h_3) + (h_5 - h_7)}{h_3 - h_6} \quad 式(4.9.2)$$

高段側冷媒循環量 q_{mrk} は**低段側冷媒循環量** q_{mro} とバイパス冷媒の流量 $q_{mro'}$ の和に等しいこと、さらに、その等式に式(4.9.2)を代入し、$h_5 = h_6$ であることを知って整理すると、次式が得られます。

$$q_{mrk} = q_{mro} + q'_{mro} = q_{mro}\left\{1 + \frac{(h_2 - h_3) + (h_5 - h_7)}{h_3 - h_6}\right\} = q_{mro}\frac{h_2 - h_7}{h_3 - h_6} \quad 式(4.9.3)$$

サイクル全体の総理論圧縮動力 P_{th}[kW]は、低段圧縮機および高段圧縮機の理論圧縮動力の和として次式で求められます。

$$P_{th} = q_{mro}(h_2 - h_1) + q_{mrk}(h_4 - h_3) \quad 式(4.9.4)$$

一方、冷凍能力 Φ_o[kW]は、低段側冷媒循環量と蒸発器での冷媒の冷凍効果の積として次式で表わされます。

$$\Phi_o = q_{mro}(h_1 - h_8) \quad 式(4.9.5)$$

したがって、理論二段圧縮冷凍サイクルの成績係数 $(COP)_{th.R}$ は次式によって求めることができます。

$$(COP)_{th.R} = \frac{\Phi_o}{P_{th}} = \frac{q_{mro}(h_1 - h_8)}{q_{mro}(h_2 - h_1) + q_{mrk}(h_4 - h_3)} \quad 式(4.9.6)$$

4-10 理論二段圧縮冷凍サイクルを解く

4-8節で取り扱った理論冷凍サイクルの問題と同じ蒸発温度および凝縮温度の条件下で作動する理論二段圧縮冷凍サイクルの問題を解き、単段圧縮から二段圧縮にすることにより成績係数が改善することを確かめてみましょう。

■ R717 理論二段圧縮冷凍サイクルの問題

図4.10.1は、4-8節で取り上げた理論冷凍サイクルの問題と同じ冷媒（R717、アンモニア）、同じ蒸発温度（40℃）および凝縮温度（－30℃）で作動する理論二段圧縮冷凍サイクルの運転条件を示したものである。

■図4.10.1　R717 理論二段圧縮冷凍サイクルの運転条件■

凝縮温度 t_k=40℃

凝縮器出口の冷媒液の過冷却度 5 K

低段圧縮機入口の冷媒蒸気の過熱度 5 K

蒸発温度 t_o=－30℃

高段圧縮機入口の冷媒蒸気の過熱度 3 K

高段側冷媒循環量 q_{mrk}=0.0850 kg/s

低段圧縮機入口冷媒蒸気の比エンタルピー h_1=1435 kJ/kg

低段圧縮機出口冷媒蒸気の比エンタルピー h_2=1611 kJ/kg

高段圧縮機入口冷媒蒸気の比エンタルピー h_3=1470 kJ/kg

高段圧縮機出口冷媒蒸気の比エンタルピー h_4=1658 kJ/kg

中間冷却器用膨張弁入口冷媒の比エンタルピー h_5=366 kJ/kg

蒸発器用膨張弁入口冷媒の比エンタルピー h_7=250 kJ/kg

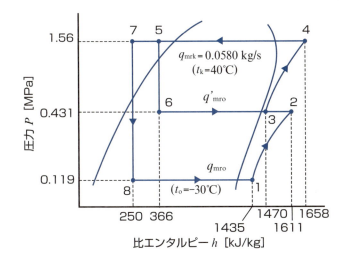

このとき、次の各問に答えなさい。

(1) 低段側冷媒循環量を求めよ。
(2) 高段および低段圧縮機の総理論圧縮動力を求めよ。
(3) 冷凍能力を求めよ。
(4) 理論二段圧縮冷凍サイクルの成績係数を求めよ。

解答例

(1) 低段側冷媒循環量

中間冷却器での熱収支から次式が成り立つ。

$$q'_{mro}(h_3 - h_6) = q_{mro}\{(h_2 - h_3) + (h_5 - h_7)\}$$

この熱収支式から定まるバイパス冷媒の流量 q'_{mro} と高段側冷媒循環量 q_{mrk} 用いて、低段側冷媒循環量 q_{mro} は次のように求めることができる。ただし、$h_6 = h_5$ である。

4-10 理論二段圧縮冷凍サイクルを解く

$$q_{\text{mrk}} = q_{\text{mro}} + q'_{\text{mro}} = q_{\text{mro}} + q_{\text{mro}} \frac{(h_2-h_3)+(h_5-h_7)}{h_3-h_6} = q_{\text{mro}}\left\{1+\frac{(h_2-h_3)+(h_5-h_7)}{h_3-h_6}\right\}$$

$$= q_{\text{mro}}\left\{\frac{h_3-h_6+h_2-h_3+h_5-h_7}{h_3-h_6}\right\} = q_{\text{mro}}\frac{h_2-h_7}{h_3-h_6} = q_{\text{mro}}\frac{h_2-h_7}{h_3-h_5}$$

よって、

$$q_{\text{mro}} = q_{\text{mrk}}\frac{h_3-h_5}{h_2-h_7} = 0.0850 \times \frac{1470-366}{1611-250} = 0.0689 \text{ kg/s}$$

(2) 総理論圧縮動力

総理論圧縮動力 P_{th} は、低段圧縮機の理論圧縮動力と高段圧縮機の理論圧縮動力の和として求められるので、

$$P_{\text{th}} = q_{\text{mro}}(h_2-h_1) + q_{\text{mrk}}(h_4-h_3) = 0.0689 \times (1611-1435) + 0.0850 \times (1658-1470)$$
$$= 12.1 + 16.0 = 28.1 \text{ kW}$$

(3) 冷凍能力

冷凍能力 Φ_{o} は、低段側冷媒循環量 q_{mro} を用いて、次のように求められる。ただし、$h_8 = h_7$ である。

$$\Phi_{\text{o}} = q_{\text{mro}}(h_1-h_8) = q_{\text{mro}}(h_1-h_7) = 0.0689 \times (1435-250) = 81.6 \text{ kW}$$

(4) 理論成績係数

理論二段圧縮冷凍サイクルの成績係数 $(COP)_{\text{th.R}}$ は、

$$(COP)_{\text{th.R}} = \frac{\Phi_{\text{o}}}{P_{\text{th}}} = \frac{81.6}{28.1} = 2.90$$

と求められる。

このように、理論二段圧縮冷凍サイクルの成績係数は、4-8節で取り扱った同じ冷媒、同じ温度条件における単段圧縮の理論冷凍サイクルの成績係数2.60と比べて12%も改善していることがわかる。

4-11 二元冷凍サイクルを見る

冷媒の異なる２つの独立の冷凍サイクルを組み合わせて、−70℃〜−100℃の低温を得ることができる冷凍サイクルを二元冷凍サイクルと呼びます。ここでは、二元冷凍サイクルの作動原理を理解しよう。

■ なぜ二元冷凍サイクルなのか

　−70℃〜−100℃の低温を作り出そうとすると、二段圧縮冷凍サイクルを用いても、一段当たりの圧力比が高くなり、再び圧縮機効率が低下するという問題に直面します。また、低温用冷媒を用いると常温（外気温度）での凝縮圧力がかなり高くなるため、装置の機器に高い耐圧強度が要求されるという課題も生じます。これらの問題や課題を解決するために、R 23などの超低温用冷媒を用いた冷凍サイクルの凝縮器をR 404Aなどの他の低温用冷媒を用いた冷凍サイクルで冷却する**二元冷凍サイクル**が採用されます。

■ 二元冷凍装置の構成

　図4.11.1は二元冷凍装置の構成を示したものです。高温側冷凍装置の冷媒と低温側冷凍装置の冷媒は異なります。お互いに独立した高温側冷凍装置の蒸発器と低温側冷凍装置の凝縮器との間で熱交換する構成となっていて、高温側冷凍装置の冷媒の蒸発潜熱で低温側冷凍装置の冷媒蒸気を冷却し凝縮させます。これにより、低温側冷凍装置の高圧部の圧力が過度に高くなることを防止したり、各圧縮機の圧力比の上昇を抑えたりすることができます。高温側冷凍装置および低温側冷凍装置の機器構成は、単段圧縮の冷凍装置と同様です。異なる二つの冷媒Aおよび冷媒Bは互いに混合することはありません。

■ 二元冷凍サイクルを見る

　図4.11.2は、Ph線図上に二元冷凍サイクルを示したものです。冷媒AのPh線図上の高温側冷凍サイクルと冷媒BのPh線図上に低温側冷凍サイクルとが同一のPとhの座標軸の図中に重なり合っていることをイメージしましょう。Ph線図上のサイクルの状態点の番号は図4.11.1で示した冷凍装置の状態点の番号と一致します。低温側冷凍サイクルの蒸発器圧力がP_o（それに相当す

4-11 二元冷凍サイクルを見る

る蒸発温度 t_o)、凝縮器圧力が P_k（それに相当する蒸発温度 t_k）とします。一方、高温側冷凍サイクルの蒸発器圧力は P'_o（それに相当する蒸発温度 t'_o）、凝縮器圧力は P'_k（それに相当する蒸発温度 t'_k、t'_k は常温、外気温度）としています。高温側蒸発器の冷媒Aの蒸発潜熱によって低温側凝縮器の冷媒B蒸気を十分冷却できるように、$t_k > t'_o$ となる装置の設計・運転・制御が必要です。

■図 4.11.1　二元冷凍装置の構成■

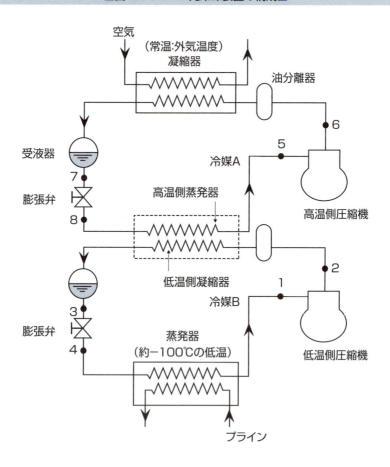

■図 4.11.2 二元冷凍サイクル■

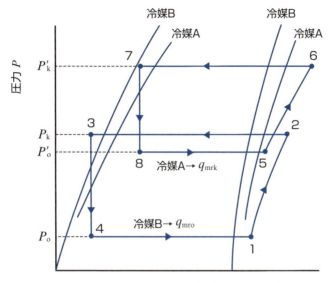

二元冷凍サイクルの理論成績係数

いま、低温側冷凍サイクルで必要とされる冷凍能力がΦ_o(kW)であるとします。このとき、低温側冷凍サイクルに必要とされる冷媒循環量q_{mro}(kg/s)は、

$$\Phi_o = q_{mro}(h_1 - h_4)$$

から、

$$q_{mro} = \frac{\Phi_o}{h_1 - h_4}$$

と求められます。高温側冷凍サイクルに必要とされる冷媒循環量q_{mrk}(kg/s)は、高温側凝縮器と低温側蒸発器との間の熱収支式、

$$q_{mrk}(h_5 - h_8) = q_{mro}(h_2 - h_3)$$

より、

4-11 二元冷凍サイクルを見る

$$q_{\mathrm{mrk}} = \frac{q_{\mathrm{mro}}(h_2-h_3)}{h_5-h_8} = \frac{\varPhi_\mathrm{o}(h_2-h_3)}{(h_1-h_4)(h_5-h_8)}$$

となります。

これらより、低温側圧縮機の理論圧縮動力と高温側圧縮機の理論圧縮動力とを加え合わせた総理論圧縮動力 P_{th}(kW) は、次式のように求められます。

$$P_{\mathrm{th}} = q_{\mathrm{mro}}(h_2-h_1) + q_{\mathrm{mrk}}(h_6-h_5) = \frac{\varPhi_\mathrm{o}}{h_1-h_4}(h_2-h_1) + \frac{\varPhi_\mathrm{o}(h_2-h_3)}{(h_1-h_4)(h_5-h_8)}(h_6-h_5)$$

$$= \varPhi_\mathrm{o}\frac{(h_2-h_1)(h_5-h_8)+(h_2-h_3)(h_6-h_5)}{(h_1-h_4)(h_5-h_8)}$$

上式で得られた $\varPhi_\mathrm{o}$ と P_{th} の各値から、二元冷凍サイクルの理論成績係数 $(COP)_{\mathrm{th.R}}$ は、

$$(COP)_{\mathrm{th.R}} = \frac{\varPhi_\mathrm{o}}{P_{\mathrm{th}}}$$

と計算できます。あるいは、次式に各状態点の比エンタルピーの値 h_1〜h_8 を代入して求めることもできます。

$$(COP)_{\mathrm{th.R}} = \frac{\varPhi_\mathrm{o}}{P_{\mathrm{th}}} = \frac{(h_1-h_4)(h_5-h_8)}{(h_2-h_1)(h_5-h_8)+(h_2-h_3)(h_6-h_5)}$$

4-12 吸収冷凍サイクルとは

圧縮機を用いずに、吸収剤への冷媒の吸収と吸収剤からの冷媒の発生を利用した冷凍機として吸収冷凍機があります。ここでは、その吸収冷凍サイクルの作動原理を説明します。

◼ 吸収冷凍機とは

　吸収冷凍機は、蒸発器、凝縮器、細管、**吸収器**、**再生器**、**溶液ポンプ**および**冷媒ポンプ**などから構成されています。蒸気圧縮冷凍装置の圧縮機の代わりに吸収器と再生器が用いられます。圧縮機の冷媒蒸気の吸込みにあたる部分が吸収器で、冷媒蒸気の吐出しにあたる部分が再生器です。

　吸収冷凍機に用いられる**冷媒/吸収剤**の組み合わせとして、低温用の冷媒（アンモニア）/吸収剤（水）および冷水用の冷媒（水）/吸収剤（臭化リチウム）が代表的なものです。

◼ 吸収冷凍サイクルの作動原理

　図4.12.1に、冷媒として水（H_2O）、吸収剤として臭化リチウム（LiBr）を用いる**吸収冷凍サイクル**の作動原理を示します。図中、破線で囲った吸収器、再生器、溶液ポンプ、溶液熱交換器の部分が、蒸気圧縮冷凍サイクルの圧縮機の役割を演じます。吸収冷凍サイクルにおける冷媒（水）および吸収剤（臭化リチウム）の状態変化は次のとおりです。

（1）蒸発器で蒸発した冷媒（水）蒸気1'は、吸収器の中で散布された臭化リチウム濃溶液6に吸収されます。この吸収作用時に発生する熱は冷却水によって除去されます。

（2）冷媒（水）蒸気を吸収して薄められた臭化リチウム希溶液2は、溶液ポンプによって加圧され、再生器に送られます。その際、溶液熱交換器において再生器からの高温の臭化リチウム濃溶液4と熱交換して、昇温した状態7で再生器に入ります。再生器に入る臭化リチウム希溶液7の温度が濃溶液4の温度と近くなるほど吸収冷凍機の効率は向上することが知られています。

(3) 再生器では、臭化リチウム希溶液5は高温の蒸気などの熱源によって加熱され、吸収していた冷媒(水)蒸気4'を発生、分離し、臭化リチウム濃溶液4になります。臭化リチウム濃溶液4は、溶液熱交換器で吸収器からの希溶液を温め、吸収器内で散布され、蒸発器からの冷媒(水)蒸気を吸収します。吸収剤(臭化リチウム)は、主に、状態点2➡7➡5➡4➡8➡2のように、吸収器と再生器の間を循環します。

(4) 再生器を出た冷媒(水)蒸気4'は、凝縮器で凝縮され冷媒液(水)3になります。この冷媒液3(水)は、さらに細管で絞られ膨張して低圧となり、状態1で蒸発器に入ります。

(5) 蒸発器では、低圧の冷媒液(水)1は、冷媒ポンプによって器内に散布され、蒸発しながら、被冷却流体(冷水)を冷やします。冷媒(水)は、主に、状態点1'➡2➡7➡5➡4'➡3➡1➡1'のように吸収器、再生器、凝縮器、細管、蒸発器を循環しています。

(6) (1)〜(5)の過程が順次繰り返されます。

ちなみに、吸収冷凍サイクルは、冷媒のPh線図ではなく、冷媒/吸収剤系の比エンタルピー－組成線図($h\xi$線図)を使って表されますが、本書では省略します。

■図4.12.1　水/臭化リチウム吸収冷凍サイクルの作動原理■

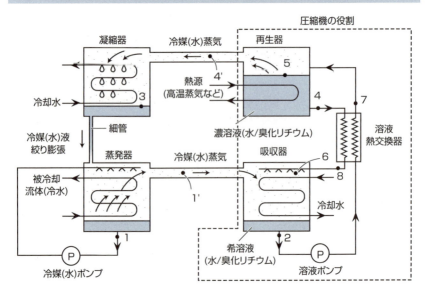

Quiz 章末クイズ

冷凍サイクルに関する次の記述のうち、正しいものに○、正しくないものに×を（　）内につけなさい。簡単な計算や式の誘導を行って答える問題も含みます。20問中12問正解すれば合格です。
(解答はP.268)

(1) Ph 線図は冷媒の熱力学性質を表すために使われる。縦軸が圧力、横軸が比エンタルピーの熱力学線図である。通常、縦軸の圧力は数 MPa から 0.1 MPa 以下の真空状態までの広い圧力範囲を表すために対数目盛となっている。　　（　）

(2) Ph 線図上に描かれている等比エントロピー線は、冷媒蒸気の圧縮機内の理想的な可逆断熱圧縮を表すのに利用できる。　　（　）

(3) 冷媒が膨張弁で絞り膨張する状態変化は、Ph 線図では垂直な等比エンタルピー線として表せる。　　（　）

(4) 日本では、冷媒の比エンタルピーの値は、基準状態である0℃の飽和液の比エンタルピーがちょうど 200 kJ/kg となるように定められている。　　（　）

(5) Ph 線図上の飽和蒸気（乾き飽和蒸気ともいう）線は乾き度0の等乾き度線と一致する。　　（　）

(6) 過熱度とは、過熱蒸気の温度から過熱蒸気の圧力と同じ圧力における飽和温度を差し引いた温度差のことである。　　（　）

(7) 図4.1.9 R134a の Ph 線図を用いると、−10℃、0.1 MPa おける R134a 過熱蒸気の比エンタルピー h はおよそ 396 kJ/kg、比エントロピー s はおよそ 1.8 kJ/(kg・K)、比体積 v はおよそ 0.21 m³/kg であることが調べられる。　　（　）

(8) 圧縮機吸込み蒸気量が q_{vr}(m³/s)、圧縮機吸込み蒸気の比体積が v(m³/kg) であるとき、質量流量で表した冷媒循環量 q_{mr}(kg/s) は、$q_{mr} = \dfrac{v}{q_{mv}}$ から求められる。
　　（　）

(9) 蒸発器入口の冷媒の比エンタルピーが 249 kJ/kg、蒸発器出口の冷媒の比エンタルピーが 391 kJ/kg である場合、冷凍効果は 142 kJ/kg となる。　　（　）

(10) 冷媒循環量が 0.1 kg/s の理論冷凍サイクルが定常的に運転されているとする。凝縮器入口から出口に至る冷媒の比エンタルピー変化が −200 kJ/kg であるとき、この理論冷凍サイクルの凝縮負荷は 20 kW であると計算できる。　　（　）

(11) 冷凍能力 80 kW、理論圧縮動力 30 kW である理論冷凍サイクルの凝縮負荷は 50 kW である。　　（　）

(12) 冷凍効果が 150 kJ/kg である冷媒を用いる理論冷凍サイクルが 90 kW の冷凍能力を定常的に発揮するためには、冷媒循環量は 1.7 kg/s に制御しなければならない。　　（　）

(13) 圧縮機入口の吸込み蒸気の過熱度が大きくなり過ぎると、圧縮機出口の吐出しガス温度が高くなり過ぎ、圧縮機の潤滑油（冷凍機油）を劣化させる不具合を起こすことがある。（　）

(14) 理論冷凍サイクルでは、他の運転条件は変わらないまま過冷却度小さくなると、成績係数は小さくなる方向に変化する。（　）

(15) 凝縮温度の上昇や蒸発温度の低下は、ともに圧縮仕事の増加と冷凍効果の減少を生じさせ、理論成績係数の減少を招く原因となる。（　）

(16) 二段圧縮冷凍サイクルは、単段圧縮で－30℃以下の低温を得ようとするときに生ずる成績係数の低下や圧縮機吐出しガス温度の上昇による弊害を避けるために、低温用の冷凍装置に採用されることが多い。（　）

(17) R 32 を用いた理論冷凍サイクルにおいて、圧縮機入口の吸込み過熱蒸気の比エンタルピー h_1=515 kJ/kg、圧縮機出口の過熱蒸気の比エンタルピー h_2=607 kJ/kg、凝縮器出口の過冷却液の比エンタルピー h_3=286 kJ/kg であるとき、理論成績係数 $(COP)_{th,R}$ の値は 2.49 と求められる。（　）

(18) 理論冷凍サイクルの成績係数は、温度、圧力、冷媒循環量などの運転条件が同じであれば使用する冷媒の種類に依存しない。（　）

(19) 吸収冷凍機では、吸収器、再生器、溶液ポンプ、溶液熱交換器などから構成される部分が、蒸気圧縮冷凍装置の圧縮機の役割を演じる。冷媒としてアンモニアを用い吸収剤として水を用いる低温用の吸収冷凍機、冷媒として水を用い吸収剤として臭化リチウムを用いる冷水用の吸収冷凍機などが代表的なものである。（　）

(20) 理論冷凍サイクルの成績係数が 3.1 であるとき、同じ冷媒、同じ運転条件でヒートポンプとして使用する場合の理論成績係数は 2.1 となる。（　）

第5章

冷媒、ブラインおよび冷凍機油

第5章では、蒸気圧縮冷凍サイクルの作動流体である冷媒、二次冷媒としてのブラインおよび圧縮機を潤滑する冷凍機油について、それぞれ基礎事項を学びましょう。

5-1 冷媒の変遷

冷媒は熱を運びます。冷媒は冷凍装置に必要不可欠な要素です。ここでは、冷媒の歴史を簡単に遡ります。

蒸気圧縮冷凍装置用冷媒の変遷を見てみましょう(図5.1.1)。

1830年代〜1920年代(第1世代)

冷凍機が出現した1830年代から1920年代ころまでは、揮発性のエチルエーテル、メチルエーテル、メチルクロライド、亜硫酸ガス、アンモニア、プロパンなどが冷媒として用いられていました。しかし、これらの**冷媒**は毒性や可燃性という厄介な欠点をもっていました。

1930年代〜1980年代(第2世代)

1928年のR12を初めとし、1930年代になると、毒性や可燃性が低く安全性に優れた冷媒、**フルオロカーボン冷媒**CFCおよびHCFCが次々と発明、製造され、冷媒として利用されるようになり、それまでの冷媒にとってかわり

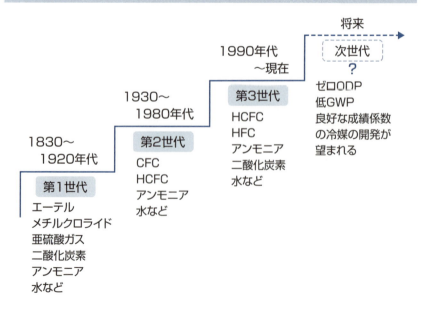

■図5.1.1 冷媒の変遷■

ました。安全な冷媒であるフルオロカーボン冷媒CFCおよびHCFCの出現は、産業用の冷凍機ばかりでなく、家庭用の冷蔵庫や空調機の発展と普及に計り知れないほどの貢献を果たしてきました。

1990年代～現在（第3世代）

ところが、フルオロカーボン冷媒の中で塩素を含む**CFC冷媒**や**HCFC冷媒**は**オゾン破壊係数**（**ODP**）をもち、成層圏オゾンを破壊する原因のひとつになっていることがわかり、それらの製造、利用が国際的に規制を受けることになりました。事実、R 11やR 12などの大きなODPをもつ特定のCFC冷媒については1995年に生産が中止されました。その代替としてR 22およびR 123などのHCFC冷媒およびR 134aに代表されるHFC冷媒が、現在の第3世代の冷媒の中心となっています。ところが、ODPの比較的小さいHCFC冷媒についても、わが国を含む先進国では2004年から段階的に使用、製造の削減が実施されています。

一方、塩素を含まないHFC冷媒も比較的大きな温室効果、すなわち**地球温暖化係数**（**GWP**）をもち、大気に放出されると地球温暖化に寄与することからその使用の制限や回収の義務化が国際的に検討され始めています。

オゾン層破壊や温暖化防止という観点から、環境負荷の小さいアンモニア、ブタン、プロパン、二酸化炭素（炭酸ガス）など、古くから冷媒として使われたことのある物質を復活させて冷媒として利用しようとする動きも始まっています。これらの物質は新たな人工的な合成物質ではなく、自然界にすでに存在しているものなので、フルオロカーボン冷媒と区別して**非フルオロカーボン冷媒**または**自然冷媒**とよばれています。二酸化炭素を除くと、これらの非フルオロカーボン冷媒は、可燃性であったり、アンモニアのように強い毒性をもったりして、安全性の面で大きな欠点があります。表5.1.1に冷媒のオゾン破壊係数（ODP）と地球温暖化係数（GWP）を示します（巻末参考文献（19））。

将来の冷媒（次世代）

地球温暖化防止の観点からは低GWPの冷媒が好ましく、安全性の面からは可燃性も毒性もないHFCなどの冷媒が望まれます。このように、冷媒の選定については、安全性と対環境性が相反する関係、トレードオフの関係になってい

5-1 冷媒の変遷

るのが現状です。対環境性に優れ安全性も有し、かつ良好な成績係数を与えることのできる次世代の冷媒の開発が、省エネルギーに寄与する新しい冷凍技術の発展とともに強く望まれています。

低GWPの次世代冷媒として、不飽和炭化水素のプロピレン中の水素原子の一部をフッ素原子で置換したHFO（ハイドロフルオロオレフィン）冷媒のいくつかが開発されています。HFO冷媒には、GWP_{100}が4のR 1234yfやGWP_{100}が6のR 1234zeがあります。R 1234yfやR 1234zeは、カーエアコン、家庭用冷蔵庫、大形空調機などの広範な用途のあるHFC冷媒、R 134aの代替として開発されたものです（巻末参考文献(18)）。

■表5.1.1 冷媒のODPとGWP■

冷媒	分類	オゾン破壊係数 ODP	地球温暖化係数 GWP_{100}
R 11	CFC	1	4600
R 12	CFC	1	10600
R 22	HCFC	0.055	1700
R 123	HCFC	0.02	120
R 23	HFC	0	12000
R 32	HFC	0	550
R 134a	HFC	0	1300
R 404A	HFC	0	3784
R 410A	HFC	0	1975
R 1234yf	HFO	0	4
R 1234ze	HFO	0	6
R 290（プロパン）	炭化水素	0	3
R 600a（イソブタン）	炭化水素	0	3
R 717（アンモニア）	無機化合物	0	0
R 744（二酸化炭素）	無機化合物	0	1

注：GWP_{100}は大気中年数100年で二酸化炭素を1とする値

5-2 冷媒の種類と記号のつけ方

ここでは、現在、蒸気圧縮冷凍装置に使用されている冷媒の分類の仕方や呼び名となる記号のつけ方を説明します。

冷媒の種類

表5.2.1で冷媒の種類をまとめています。現在、蒸気圧縮冷凍装置に使われている冷媒は、**フルオロカーボン冷媒**とその他の冷媒に大別されます。

フルオロカーボン冷媒は分子構造の違いによって、**CFC**（Chlorofluoro carbon）、**HCFC**（Hydrochlorofluorocarbon）、**HFC**（Hydrofluorocarbon）および**HFO**（Hydrofluoro-olefin）に分類されます。表5.2.1では、現在では使用されていないCFCは省略しました。塩素原子を含まないHFCは、R 134aのように**単一成分冷媒**として使われますが、R 410Aのような二成分混合冷媒、あるいはR 404Aのような三成分混合冷媒の成分としても用いられていま

■表5.2.1 冷媒の種類■

分類1	分類2	冷媒記号	分子式または成分比	備考
フルオロカーボン冷媒	HCFC	R 22	$CHClF_2$	
		R 123	$CHCl_2CF_3$	
	HFC	R 32	CH_2F_2	
		R 134a	CH_2FCF_3	
		R 410A	R32/R125 (50/50mass%)	非共沸（疑似共沸）
		R 404A	R125/R134a/R143a (44/4/52mass%)	非共沸（疑似共沸）
	HFO	R 1234yf	$CF_3CF=CH_2$	
		R 1234ze	$CF_3CH=CHF$	
非フルオロカーボン冷媒（自然冷媒）	炭化水素	R 290	$CH_3CH_2CH_3$（プロパン）	
		R 600a	$CH_3CH_2CH_2CH_3$（イソブタン）	
	無機化合物	R 717	NH_3（アンモニア）	分子量17
		R 744	CO_2（二酸化炭素）	分子量44

す。

　これらの**混合冷媒**は、蒸発や凝縮の相変化の違いにより**共沸混合冷媒**と**非共沸混合冷媒**に分けられます。共沸混合冷媒では、ある成分比において湿り蒸気の気相と液相の組成が等しく、あたかも単一成分冷媒と同様に、圧力一定のもとで温度一定のままで蒸発や凝縮の相変化が起こります。一方、非共沸混合冷媒は、湿り蒸気の状態において気相と液相で組成が異なり、圧力一定のもとで気液両相での組成変化と温度変化を伴いながら蒸発や凝縮の相変化が生ずるという混合物特有の性質を示します。非共沸混合冷媒でも、相変化の際の温度変化が0.2〜0.3 Kと極めて小さいR 404AやR 410Aなどは**擬似共沸混合冷媒**とよばれたりします。

　自然冷媒であるアンモニア、プロパン、二酸化炭素は、HFO冷媒同様、前述したようにGWPが低いので注目を集めている冷媒です。

冷媒記号のつけ方

　種類の多い冷媒には、米国の冷凍空調学会（ASHRAE）の呼称の仕方を基準にして、ISOの規格にもとづいて世界中で共通の記号が使われています。まず、**冷媒**（Refrigerant）を表すRを置き、そのあとに、化学構造の違いを表す2〜4桁の数字の番号が、R○○○のようにつけられます。さらに、必要に応じて付加記号が続く場合があります。冷媒記号のつけ方の主な規則は以下のとおりです。

(1) フルオロカーボン系冷媒（単一成分）の場合
・1の位：フッ素原子の数
・10の位：水素原子の数＋1
・100の位：炭素原子の数－1（0となるときは省略）
・炭素二つ以上をもち異性体がある場合、炭素に化学結合している原子量の和から、二つの炭素のバランスのよいものから順番に、無印、小文字のアルファベットa、b、cの記号をつける

(例) $CHClF_2$：R 022 → R 22
　　 $C_2HCl_2F_3$：R 123
　　 $CH_2F - CF_3$：R 134a など

(2) 混合冷媒の場合

・非共沸混合冷媒には400番台の番号をつける
・共沸混合冷媒には500番台の番号をつける
・下2桁にはASHRAE規格での冷媒番号の取得順を表す番号をつける
・成分冷媒が同じで混合組成が異なるときには番号のあとに、大文字のアルファベットA、B、Cをつけて区別する
(例) R 32/R125 (50/50 mass%)：R 410A、
　　 R 22/R115 (48.8/51.2 mass%)：R 502 など

(3) その他の非フルオロカーボン系冷媒の場合

・有機化合物には600番台の番号をつける
・無機化合物には700番台の番号をつけ、下2桁には分子量の概略値を表す数字をつける
(例) イソブタン C_4H_{10}：R 600a
　　 アンモニア NH_3：R 717
　　 二酸化炭素 CO_2：R 744 など

冷媒記号のつけ方のルールを覚えると便利です
冷媒記号は世界共通です

5-3 冷媒に求められる性質

冷媒として、一般的にどのような性質が必要とされるのでしょうか。ここでは、熱物理的性質、安全性、対環境性、化学的性質などに着目して冷媒に求められている性質を概観します。

熱物理的性質

(1) 飽和蒸気圧が適度であること

冷媒として最も重要な性質のひとつに、蒸発しやすく凝縮しやすくなければならないことが挙げられます。凝縮器で液に戻る凝縮圧力が適度に低いと、凝縮器の設計圧力が抑えられ、製造費用を安くできます。一方、蒸発器で蒸発するときの蒸発圧力は、装置内への空気侵入の恐れをなくすためには、大気圧よりわずかに高い圧力であると好都合です。このように、蒸発や凝縮に関連し、使用温度条件のもとで**飽和蒸気圧**が適切である冷媒が選ばれ、使用されることになります。

(2) 蒸発熱が大きいこと

冷媒の**蒸発熱**が大きいと、冷凍効果が大きくなります。このような冷媒を用いると、同じ冷凍能力を得るにも冷媒循環量を減らすことができます。したがって、圧縮機で必要とする動力を小さくでき、冷凍装置の成績係数の向上につながります。これも、冷媒として最も重要な性質のひとつであるといえるでしょう。

(3) 蒸気の比体積が小さいこと

圧縮機入口の冷媒過熱蒸気の**比体積**は、圧縮機の吸込み量に影響します。蒸気の比体積の小さい（密度の大きい）冷媒は吸込み量を小さくすることができ、同じ冷凍能力を得ようとするとき、圧縮機を小形化することができます。

(4) 蒸気の比熱比が小さいこと

冷媒の過熱蒸気の**比熱比** κ（$=c_p/c_v$）の値は、断熱圧縮後の圧縮機出口の吐出しガス温度に影響します。比熱比が大きいと、圧力比（圧縮比）が同じでも吐出しガス温度は高くなります。

(5) 熱伝導率が大きいことこと

　冷媒自身の**熱伝導率**が大きいほうが、蒸発器や凝縮器での伝熱性能がよくなります。

(6) 粘性係数が小さいこと

　粘性係数が小さいと、配管での流動抵抗が小さくなり圧力損失が減少します。

(7) 電気絶縁性がよいこと

　密閉圧縮機を使用する場合、**電気絶縁性**をもっていることが必要です。密閉圧縮機では、冷媒は直接電気モータの巻き線に接触するからです。フルオロカーボン冷媒は電気絶縁性に優れています。

安全性

(8) 急性および慢性の毒性がないこと

　人間を含む動物、生物に安全である必要があります。フルオロカーボン冷媒は**毒性**が低く安全な冷媒です。

(9) 使用条件のもとで可燃性(爆発性)がないこと

　フルオロカーボン冷媒の大多数には引火および爆発の危険性はありません。アンモニアは毒性と**可燃性**をもつので、厳重な管理のもとでの使用が法律で定められています。

対地球環境性

(10) オゾン破壊係数(ODP)が低く、地球温暖化係数(GWP)が低いこと

　たとえば、フルオロカーボン系冷媒のHFCは、ODPはゼロですが、比較的高いGWPをもっています。ODPがゼロまたは低く、GWPも低いという相反する二つの性質を備えた新たな冷媒の開発が緊急の課題となっています。

化学的性質

(11) 分解、変質せずに安定であること

　冷媒は冷凍装置の中で長期間にわたって使用されます。とくに使用温度、圧力条件のもとで化学的に長期間にわたって安定で、劣化や変質もしないことが必要です。

(12) 金属材料を腐食しないこと

　冷媒が配管を含めた冷凍装置の金属材料を腐食したり劣化させたりすることがあってはなりません。

(13) 電気絶縁材料やシール材を侵食しないこと

　フルオロカーボン冷媒は電気絶縁材料やシール材を侵食しません。アンモニア冷媒は電気絶縁材料を侵食するので密閉形圧縮機には使用されません。

(14) 冷凍機油と反応しないこと

　圧縮機の潤滑に使用する冷凍機油は冷媒に混ざり合い、冷媒といっしょに冷凍サイクルを循環します。冷媒が**冷凍機油**と化学的に反応してはいけません。

その他

(15) 冷凍機油との相溶性がよいこと

　圧縮機の潤滑に必要な冷凍機油が必ず圧縮機に戻れるように、冷媒と冷凍機油はお互いによく溶け合う性質をもつことが必要です。

冷媒の選択は、その熱物理的性質ばかりでなく、安全性や対環境性も考慮して行われています

5-4 冷媒の特性と用途

冷媒の種類は多く、それぞれの特性をもっています。冷凍装置の目的と冷媒の特性が適合するように、冷媒は使い分けられています。ここでは、主要な冷媒の特性と用途についての知識を深めます。

冷媒の特性

表5.4.1に主な冷媒の熱力学性質と理論冷凍サイクル特性を示します。冷媒の熱力学性質として、**臨界温度**、**標準沸点**、**蒸発熱**、**比体積**が示されています。さらに、各冷媒の理論冷凍サイクルにおける特性として、凝縮圧力、蒸発圧力、圧力比、圧縮機吸込み蒸気比体積、圧縮機の吐出しガス温度、体積能力、冷凍効果、理論圧縮仕事、理論成績係数の値を示します。

■表5.4.1 主な冷媒の熱力学性質と理論冷凍サイクル特性■

冷媒	R 22	R 32	R 134a	R 410A	R 1234yf	R 290	R 717
<熱力学性質>							
標準沸点 [℃]	−40.82	−51.65	−26.07	−51.37/−51.46	−29.39	−42.13	−33.33
臨界温度 [℃]	96.15	78.11	100.93	71.41	94.70	96.668	132.25
蒸発熱 (0℃) [kJ/kg]	204.74	315.3	198.6	221.72	163.42	374.7	1262.2
比体積 (0℃飽和蒸気) [m³/kg]	0.0470	0.0453	0.0693	0.0328	0.0564	0.0965	0.2893
<理論冷凍サイクル特性:凝縮温度45℃ 蒸発温度−30℃ 過冷却度0K 過熱度0K>							
凝縮圧力 (45℃) [MPa]	1.730	2.795	1.160	2.719	1.156	1.534	1.783
蒸発圧力 (−30℃) [MPa]	0.164	0.273	0.0844	0.269	0.0986	0.168	0.119
圧力比	10.5	10.2	13.7	10.1	11.7	9.1	15.0
圧縮機吸込み蒸気比体積 [m³/kg]	0.13524	0.13091	0.22594	0.09498	0.17112	0.25858	0.96395
圧縮機吐出しガス温度 [℃]	85	114	57	81	45	56	175
体積能力 [kJ/m³]	1009	1681	515	1416	470	842	1046
冷凍効果 [kJ/kg]	136.5	220	116.4	134.5	80.48	217.7	1008
理論圧縮仕事 [kJ/kg]	61.2	103.2	54.9	67.55	43.34	104.6	429.8
理論成績係数	2.23	2.13	2.12	1.99	1.86	2.08	2.35

注1:標準沸点は標準大気圧0.101325 MPaにおける飽和温度(蒸発温度)である。ただし、非共沸混合冷媒R 410Aの場合、沸点/露点を示した。
注2:R 410Aの場合、凝縮温度=(凝縮圧力露点温度+凝縮圧力沸点温度)/2、また、蒸発温度=(蒸発器入口温度+蒸発圧力沸点温度)/2とした。

沸点の影響

標準沸点は冷媒の特性を表す代表的な性質になります。沸点の高低によって次のような特性を推測することができます。

- 沸点の低い冷媒は、凝縮圧力および蒸発圧力が高くなる
- 沸点の低い冷媒は、圧力比が小さくなる
- 沸点の低い冷媒ほど、理論冷凍サイクルの成績係数は低くなる傾向をもつ
- 沸点の低い冷媒は、蒸発温度が低いときにも、蒸発器内が大気圧以下になりにくいので、低温用の冷凍装置に適している

図5.4.1は、いろいろな冷媒の**飽和蒸気圧**を示したものです（巻末参考文献（15）（18））。この図では、縦軸は圧力P[MPa]、横軸は温度t[℃]です。このように、飽和蒸気圧は温度のみの関数です。温度の上昇に伴い、飽和蒸気圧は指数関数的に上昇します。飽和蒸気圧曲線の終点が気液相変化の起こる限界を与える臨界点です。各冷媒の標準沸点の違いは、圧力0.101325 MPaの水平線と

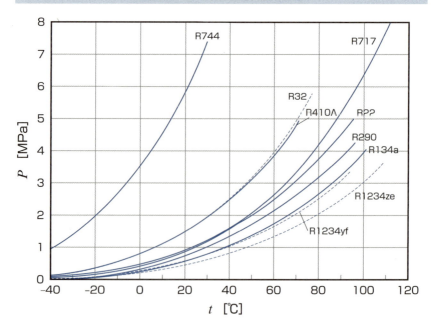

■図 5.4.1　冷媒の飽和蒸気圧■

各飽和蒸気圧曲線の交点の飽和温度の違いとして表されます。図中に示された冷媒の中では、特別なR 744を除けば、R 32やR 410Aがより低い標準沸点をもっていることがわかります。

蒸発熱

通常、冷媒の蒸発熱の大小は冷凍効果の大小に密接に関係します。蒸発熱の大きな冷媒は冷凍効果が大きくなります。表5.4.1に、主な冷媒の0℃における蒸発熱が示されています。R 717（アンモニア）の蒸発熱は他の冷媒と比べて圧倒的に大きいことがわかります。これが、毒性や燃焼性があるのにもかかわらず、アンモニアが低温用の冷凍装置の冷媒としてよく使われている理由の一つです。表中のフルオロカーボン冷媒の中では、R 32が比較的大きな蒸発熱をもっています。

蒸発熱は温度および圧力の上昇に伴い減少し、気液相変化の限界である臨界点でゼロとなります。

その他

表5.4.2に、フルオロカーボン冷媒およびアンモニア冷媒について、使用上注意すべき事項をそれぞれまとめます。

■表5.4.2　冷媒を使用するとき注意すべき事項■

フルオロカーボン冷媒	アンモニア冷媒
冷媒蒸気は空気より重いので、漏れた冷媒ガスは床にたまりやすい	アンモニアガスは空気より軽いので、漏れたアンモニアガスは天井にたまりやすい
冷媒液は冷凍機油より重い	アンモニア液は冷凍機油より軽い
冷媒液は水と溶け合わない	アンモニア液は水とよく溶け合う
金属を直接腐食することはない	銅や銅合金を腐食するが、鋼を腐食することはない
水分によって分解し酸をつくり、金属を腐食することがあるため、水分の混入は避ける	独特の臭気により、漏れを知ることができる
無色、無臭のため、漏れは特別の検知器による　など	毒性ガス、可燃性ガスに指定されている　など

5-4 冷媒の特性と用途

■ 冷媒の用途

　冷凍装置は、それぞれの目的に応じて広い温度範囲で使用されます。したがって、冷凍装置に用いられる冷媒は、冷凍装置の使用温度範囲に対応して、主に、蒸発温度や圧縮機の形式などによって使い分けられています。表5.4.3は、主な冷媒の用途をまとめたものです。

■表5.4.3　冷媒の用途■

冷媒	標準沸点 [℃]	蒸発温度の高低	圧縮機の形式	用途
R 22	－40.81	高～低	容積式、遠心式	家庭用・業務用エアコン、冷凍・冷蔵
R 23	－82.15	低	容積式	冷凍・冷蔵
R 32	－51.65	高	容積式	家庭用・業務用エアコン
R 123	27.69	高	遠心式	遠心冷凍機、低圧チラー
R 134a	－26.07	高～低	容積式	カーエアコン、家庭用冷蔵庫、大形空調機、海上コンテナ、チラー
R 404A	－45.40/－46.13	低	容積式	冷凍・冷蔵、ショーケース、海上コンテナ
R 410A	－51.37/－51.46	高	容積式	家庭用・業務用エアコン、チラー
R 1234yf	－29.39	高	容積式	カーエアコン
R 1234ze	－18.96	高	容積式	チラー
R 290（プロパン）	－42.13	低	容積式	冷凍・冷蔵、家庭用冷蔵庫、ショーケース
R 600a（イソブタン）	－11.81	低	容積式	家庭用冷蔵庫
R 717（アンモニア）	－33.33	低	容積式、遠心式	製氷、冷凍・冷蔵
R 744（二酸化炭素）	－78.45	高～低	容積式	給湯、冷凍・冷蔵、ショーケース

注1：蒸発温度高低の目安は、低－60～0℃、高0～10℃
注2：圧縮機の形式については第6章参照

冷媒は用途によって使い分けられています

5-5 ブラインの種類と用途

ブラインは、冷凍サイクルとは別回路の二次的な冷媒として用いられる媒体です。ここでは、ブラインの種類と用途について学びます。

ブラインとは

ブラインとは本来、塩水（Brine）の意味ですが、凍結点が0℃以下の液体あるいは溶液で、**二次冷媒**として用いられる媒体のことを指しています。0℃以上の温度では単に水を用いればよいのです。図5.5.1のように、ブラインは、冷凍サイクルの蒸発器で冷媒によって熱を奪われて冷却されます。二次冷媒あるいは間接冷媒としてブライン専用の回路が形成され、ブラインの顕熱を利用して他の被冷却流体を冷やします。二次冷媒のブラインを循環させるために**ブラインポンプ**が必要です。

ブラインに求められる性質

ブラインとして使用するのに求められる性質は次のとおりです。

(1) 凍結温度が低く、沸点が高い
(2) 比熱が大きい
(3) 粘性率が小さい
(4) 熱伝導率が大きい
(5) 熱安定性がよい
(6) 金属、樹脂、塗料と反応しない
(7) 毒性、可燃性がない

ブラインの種類と用途

表5.5.1に、代表的なブラインの種類と用途をまとめました。ブラインは無機ブラインと有機ブラインに大別されます。

無機ブラインの**塩化カルシウム水溶液**は、安価で入手しやすくブラインとしても優れた性質をもっているため、従来から広く製氷、冷凍、冷蔵および一般工業用として使われてきました。凍結温度は、塩化カルシウムの濃度が30 mass%のとき最低で－55℃であり、塩化カルシウム濃度の低下とともに上昇します。実際の使用温度範囲は－40℃程度までです。一方、**塩化ナトリウム水溶液**は食品関連で使われます。その最低の凍結温度は－21℃で、実際の使用温

度範囲は−15℃程度までです。これらの無機ブラインは、金属に対する腐食性が高いので、防食抑制剤を添加して使用されます。

現在では、種々の添加剤により金属に対する防食、防錆効果を高めた**エチレングリコール水溶液**および**プロピレングリコール水溶液**などの有機ブラインが広く使われるようになっています。プロピレングリコールは食品添加物として認可されている物質であるため、食品関連でよく使用されています。その使用温度は−30℃程度までです。

■図5.5.1 ブラインの使われ方■

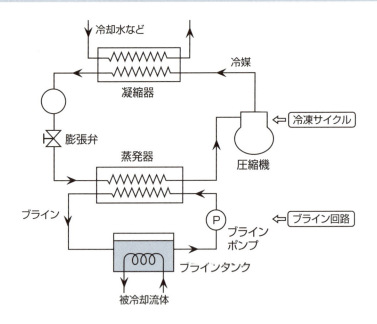

■表5.5.1 主なブラインの種類と用途■

種類	ブライン名	凍結温度[℃]	用途
無機ブライン	塩化カルシウム水溶液	−55（30 mass%）*	冷凍、冷蔵、製氷、一般工業
	塩化ナトリウム水溶液	−21（23 mass%）*	食品工業
有機ブライン	エチレングリコール水溶液	−30（60 mass%）	冷凍、冷蔵、製氷、一般工業
	プロピレングリコール水溶液	−20（60 mass%）	食品工業

＊は最低凍結温度を示す。

5-6 冷凍機油の役割と種類

冷凍装置の圧縮機の潤滑油を冷凍機油といいます。ここでは、冷凍機油の役割や種類などについて説明します。

冷凍機油の役割

冷凍機油を使用する目的は、圧縮機のシリンダーピストンのすき間および軸受の摩擦や磨耗を減らすための潤滑、ピストンリングの密閉、発生した摩擦熱を取り除く冷却、錆の防止、腐食の防止などによって、圧縮機を長時間にわたり円滑に運転するためです。冷凍機油に求められる性質を以下にまとめます。

(1) **潤滑性**に優れること
(2) 熱的および化学的に安定であること
(3) 冷媒との**相互溶解性**に優れること
(4) 低温での**流動性**がよいこと
(5) 絶縁材やシール材との適合性がよいこと
(6) 泡立ちがすくなく、乳化しにくいこと
(7) **電気絶縁性**がよいこと(とくに密閉圧縮機の場合) など

冷凍機油の種類と用途

表5.6.1は、冷凍機油の種類と用途です。冷凍機油は、**鉱油**と**合成油**に大別されます。鉱油には、**ナフテン系油**と**パラフィン系油**とがあります。合成油の代表的なものとして、**ポリアルキレングリコール油(PAG)**、**ポリオールエステル油(POE)**、**ポリビニルエーテル油(PVE)**、**アルキルベンゼン油(AB)**などがあります。

圧縮機で使用される冷凍機油は冷媒と混合し、冷凍装置を冷媒と共に循環します。したがって、冷凍機油は冷媒とよい相互溶解性をもっていることが重要になります。冷凍機油と冷媒とが油と水のように二相分離するようでは、冷凍機油が十分に圧縮機に戻らなくなるために、圧縮機の潤滑不良を起こす原因ともなります。通常、冷凍機油は、冷媒との相互溶解性などを考慮して適合性があるか否かによって使い分けられています。

5-6 冷凍機油の役割と種類

■表 5.6.1　冷凍機油の種類と用途■

分類	分類	適合冷媒	用途
鉱油	ナフテン系油	CFC HCFC	産業用冷凍機、家庭用エアコン、業務用エアコン
	パラフィン系油	アンモニア 炭化水素	
合成油	ポリアルキレングリコール油	HFC	カーエアコン、ガスヒートポンプ
		HCFC	ガスヒートポンプ
		HFO	カーエアコン
		二酸化炭素	給湯機
		アンモニア	産業用冷凍機
	ポリオールエステル油（POE）	HFC	家庭用エアコン、業務用エアコン、家庭用冷蔵庫
	ポリビニルエーテル油（PVE）	HFC	家庭用エアコン、業務用エアコン、低温冷凍機
	アルキルベンゼン油（AB）	HCFC	超低温冷凍機

　鉱油は、従来のCFC冷媒のR 12、HCFC冷媒のR 22、アンモニア、プロパンおよびイソブタンなどの炭化水素冷媒、アンモニアに主に使用されています。

　塩素原子を含まないHFC冷媒のR 134aやR 410Aなどは、鉱油やアルキルベンゼン油と相互溶解性が良好ではありません。そのため、HFC冷媒用として、相互溶解性をもつPAG油、POE油、PVE油などの合成油が開発され、使われています。さらに新たな冷媒が開発されると、その新冷媒に適合する冷凍機油は何かということが問題となります。従来の冷凍機油では対応できないような場合には、新冷媒に適合する新たな冷凍機油の開発が必要です。

冷媒と冷凍機油の溶解度

　冷媒と冷凍機油が相互に溶け合うとき、冷媒の冷凍機油への**溶解度**または冷凍機油の冷媒への溶解度は、温度および圧力によって変わります。冷凍機油と冷媒との間の溶解度は、図5.6.1のように、縦軸に圧力P、横軸に冷媒の質量分率$w_R=0～1$をとった図によって表すことができます。温度t_1およびt_2における冷媒の飽和蒸気圧をそれぞれP_{S1}およびP_{S2}とします。どの温度でも冷凍機油の蒸気圧は冷媒の蒸気圧に比べて無視できるほど小さいので、ゼロとして扱われます。冷媒の冷凍機油への溶解度は横軸のw_Rで、また、冷凍機油の冷媒

への溶解度は横軸の$1-w_R$で表されます。

通常、冷媒の冷凍機油への溶解度w_Rは、圧力P_1一定のもとで温度t_1からt_2への上昇に伴いbからaまで減少し、温度t_1一定のもとで圧力P_1からP_2までの上昇に伴いbからcまで増加します。一方、逆の見方をすると、冷凍機油の冷媒液への溶解度$1-w_R$は、圧力P_1一定のもとで温度t_1からt_2への上昇に伴いbからaまで増加し、温度t_1一定のもとで圧力P_1からP_2までの上昇に伴いbからcまで減少します。

HFCなどのフルオロカーボン冷媒が冷凍機油に多量に溶け込むと、冷凍機油の粘度低下による圧縮機の潤滑不良の原因となることがあります。とくに、圧縮機始動時にはクランクケース内の急激な圧力低下のため、溶けていた冷媒が急激に蒸発し、冷媒の気泡が冷凍機油に発生する**オイルフォーミング**とよばれる現象が起こります。オイルフォーミング現象が起こると油ポンプによる冷凍機油の正常な輸送ができなくなり、圧縮機の潤滑不良を招く原因となります。オイルフォーミングを防ぐために、圧縮機停止時に、クランクケースヒータにより油の温度を上げて、冷凍機油への冷媒の溶解度を下げておくという対策がとられます。

■図5.6.1　冷媒と冷凍機油の溶解度■

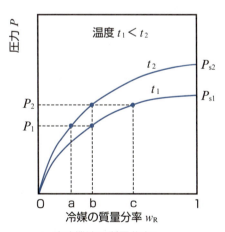

Quiz 章末クイズ

　冷媒、ブラインおよび冷凍機油に関する次の記述のうち、正しいものに○、正しくないものに×を（　）内につけなさい。20問中12問正解すれば合格です。　（解答はP.268）

(1) 　冷媒には急性および慢性の毒性がないことが望ましい。アンモニアは毒性と可燃性を有するが、厳重な管理の下での使用が法律で定められている。　（　）

(2) 　HFC冷媒のオゾン破壊係数 (ODP) はゼロである。一方、HFC冷媒の地球温暖化係数 (GWP) は、GWPが1の二酸化炭素に比べて大きい。　（　）

(3) 　R 32は他のHFC冷媒と比べてGWPが比較的小さいので低GWP冷媒の一つとして注目されている。　（　）

(4) 　R 1234yfは、不飽和炭化水素（オレフィン）であるプロピレンの水素原子の一部をフッ素で置換したHFO（ハイドロフルオロオレフィン）冷媒の一つであり、低いGWPをもつ。R 1234yfはカーエアコン用R 134aの代替冷媒として開発された。　（　）

(5) 　分子式$CHClF_2$をもつ化合物に与えられる冷媒記号はR 32であると推定される。　（　）

(6) 　アンモニアや二酸化炭素などの無機化合物には500番台の冷媒記号が与えられ、その下二桁には分子量の概略値を使用する。例えば、アンモニアはR 517、二酸化炭素はR 544である。　（　）

(7) 　冷媒に求められる熱力学的性質の第一は、蒸発温度・圧力や凝縮温度・圧力を決める飽和蒸気圧（飽和圧力ともいう）が装置の目標とする温度条件に適合することである。たとえば、装置の目標とする低温が－10℃であるとき、大気圧付近の圧力における飽和温度が少なくとも－10℃より低い冷媒を選択しなければならない。　（　）

(8) 　電気モータが内蔵される密閉圧縮機を用いる冷凍装置には、電気絶縁性の高い冷媒を使用する必要はない。　（　）

(9) 　冷媒の蒸発熱の大小は、冷凍装置の蒸発器における冷媒の冷凍効果の大小に密接に関係する。　（　）

(10) 　アンモニアガスは空気より重いので、冷凍装置から漏れたアンモニアガスは床にたまりやすい。　（　）

(11) 　標準大気圧（1atm、0.101325 MPa）における冷媒の飽和温度を標準沸点とよぶ。標準沸点の低い冷媒は、同じ温度で飽和圧力（蒸発圧力や凝縮圧力）が高くなる傾向をもつ。　（　）

(12) 　低GWPのR 32は微燃性、R 1234yfは微燃性、R 290は強燃性に分類され、それらの使用には充填量制限、不燃性冷媒添加・混合などの引火性や爆発性を抑制する十分な対策が必要である。　（　）

(13) アンモニアは銅および銅合金を腐食する性質がないので、アンモニア冷凍装置には銅管や黄銅製部品を使用できる。（　）

(14) ブラインとは大気圧下の凍結温度が0℃以下の液体や溶液を指している。ブラインは二次冷媒として使われ、通常の冷媒と同様に潜熱で被冷却流体から熱を奪うはたらきをする。（　）

(15) 塩化カルシウム水溶液は有機ブラインの一つであり、その最低凍結温度は－55℃である。（　）

(16) 有機ブラインのプロピレングリコール水溶液はおよそ－30℃までの食品関連の冷凍に使用されている。（　）

(17) 冷凍装置の圧縮機に用いられる潤滑油を冷凍機油とよぶ。冷凍機油の役割は摺動部の潤滑であり、摩擦熱の除去、ピストンリングの密閉、錆の防止等に寄与することはない。（　）

(18) 鉱油はR 134aのような塩素原子を含まないHFC冷媒と相溶性がある。したがって、鉱油はHFC冷媒に適合する冷凍機油である。（　）

(19) 冷凍機油と冷媒が相互に溶け合うとき、冷凍機油への冷媒の溶解度は圧力や温度によって変化する。一般に、圧力が一定のとき、冷凍機油への冷媒の溶解度は温度の上昇に伴い減少する。（　）

(20) 圧縮機停止時に冷凍機油に大量に溶け込んでいた冷媒液が始動時にクランクケース内の急な圧力低下により急激に蒸発し、冷媒の気泡が冷凍機油中に発生する現象をオイルフォーミングとよぶ。オイルフォーミングは油ポンプによる冷凍機油の正常な輸送を阻害し、圧縮機の潤滑不良を招く原因となる。（　）

MEMO

第6章

圧縮機のはたらきと仕組みを調べる

　圧縮機は、人体において血液を循環させる心臓のように、冷凍装置を構成する機器の中で冷媒蒸気を圧縮して送り出す中心的な役割を演じます。圧縮機には冷媒蒸気の圧縮の仕方によりいろいろな種類があり、用途に応じて使い分けられます。第6章では、圧縮機の種類、用途、性能、効率などを取り扱います。また、圧縮機の効率を考慮した実際の冷凍サイクルの成績係数などについて理解しましょう。

6-1 圧縮機—冷凍装置の心臓

圧縮方式の違いにより多種多様な圧縮機があります。冷凍装置の心臓部分として、用途によってそれぞれ使い分けられています。

■ 圧縮機の種類と用途

圧縮機は、動力を使って冷媒蒸気を圧縮し、冷媒を冷凍サイクルの中で循環させる重要な役割をしています。いろいろな種類の圧縮機が、それぞれの目的に応じて使い分けられています。一般的に、圧縮機に求められる事項は次のとおりです。

(1) 寿命が長く、信頼性が高いこと
(2) 使用温度、圧力、場所、状態等、与えられた条件で性能を満足すること
(3) 運転可能な温度、圧力範囲が広いこと
(4) 振動、騒音が小さいこと
(5) 低コストであること

図6.1.1に、冷媒蒸気の圧縮方式により分類した圧縮機の標準的な分類を示します(巻末参考文献(19))。それぞれの主な用途と特徴もまとめられています。

圧縮機は、圧縮方式により、容積式と遠心式(ターボ式)に大きく分けられます。容積式では、吸込んだ冷媒蒸気を一定の空間に閉じ込め、その空間の容積を減少させて、圧縮が行われます。**容積式圧縮機**として、圧縮の形式により、さらに、往復式、ロータリー式、スクロール式およびスクリュー式に分けられます。一方、**遠心式圧縮機**では、吸込まれた冷媒蒸気は高速で回転する羽根車で加速され、その運動エネルギーがディフューザで圧力の上昇分に変換されて、圧縮が行われます。

■ 開放形と密閉形

圧縮機を駆動するために、通常、電動機(電気モータ)が用いられます。電動機と圧縮機を別々に設置して、直結またはベルト掛けなどにより駆動する方式の圧縮機を、**開放圧縮機**とよびます。大形の圧縮機や一部小形・中形の圧縮機に開放形が採用されています。開放圧縮機では駆動用のクランク軸とケーシングとの間に冷媒蒸気の漏れ止めのための軸シールが必要になります。

6-1 圧縮機―冷凍装置の心臓

■図 6.1.1 圧縮機の種類と用途■

区分		形態	密閉構造	駆動容量範囲 [kW]	主な用途	特徴など
容積式	往復式	ピストン・クランク式	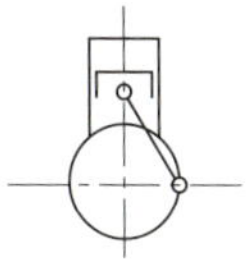 開放	0.4～120	冷凍、ヒートポンプ、カーエアコン	使いやすい、機種豊富、大容量に不適
			半密閉	0.75～45	冷凍、エアコン、ヒートポンプ	
			全密閉	0.1～15	電気冷蔵庫、エアコン	
		ピストン・斜板式	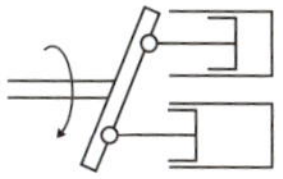 開放	0.75～2.2	カーエアコン	カーエアコン専用
	ロータリー式	回転ピストン式	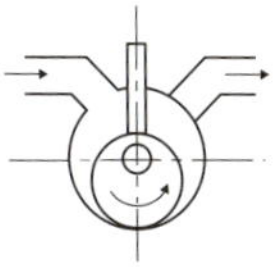 開放	0.75～2.2	カーエアコン	
			全密閉	0.1～5.5	電気冷蔵庫、エアコン	小容量、高速化
		ロータリーベーン式	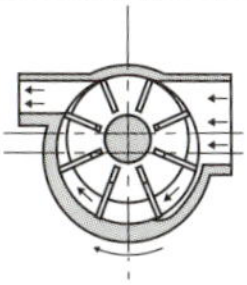 開放	0.75～2.2	カーエアコン	
			全密閉	0.6～5.5	電気冷蔵庫、エアコン	小容量、高速化
	スクロール式	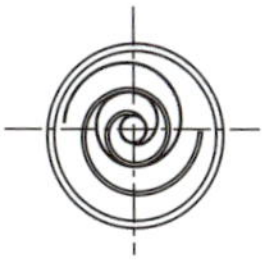	開放	0.75～2.2	カーエアコン	
			全密閉	0.75～7.5	エアコン	小容量、高速化
	スクリュー式	ツインロータ	開放	～6	バスエアコン	遠心式に比べて高圧力比に適しているため、ヒートポンプ、冷凍に多用される 密閉化が進む
				30～1600	冷凍、空調、ヒートポンプ	
			密閉	22～300	冷凍、空調、ヒートポンプ	
		シングルロータ	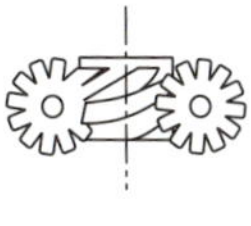 開放	100～1100	冷凍、空調、ヒートポンプ	
			密閉	22～90	冷凍、空調、ヒートポンプ、エアコン	
遠心式		羽根車 渦巻室	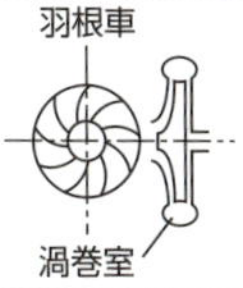 開放	90～10000	冷凍、空調	大容量に適している 高圧力比には不向き
			密閉			

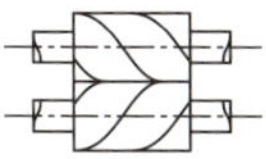

(巻末参考文献(19)より)

6-1 圧縮機—冷凍装置の心臓

　一方、電動機を圧縮機のケーシングの中に入れ、直結して駆動する方式が、**密閉圧縮機**です。冷媒の漏れの心配がなくなり、好都合です。電気絶縁性の優れたフルオロカーボン系冷媒を用いる小形および中形の圧縮機では、電動機の巻線に適切な絶縁材料を用いることによって、この方式が採用されています。密閉形には、圧縮機ケーシングを溶接により完全に密封した**全密閉圧縮機**と、圧縮機ケーシングをボルトにより締めつけ、組立・分解、修理・点検ができるようになっている**半密閉圧縮機**とがあります。図6.1.2には、全密閉往復圧縮機の例を示します。ところで、アンモニアを用いる圧縮機では、アンモニアが電動機の巻線を侵食するので開放形が一般に用いられています。

■図6.1.2　全密閉往復圧縮機■

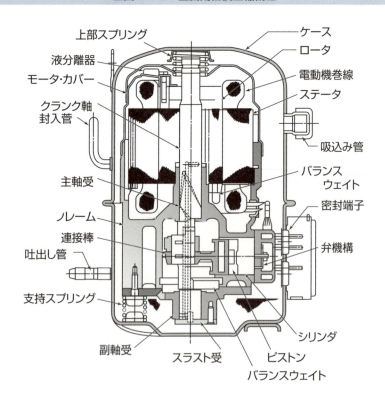

6-2 圧縮機の性能— ピストン押しのけ量とは

圧縮機の性能に関係するピストン押しのけ量、体積効率などについて、主に往復圧縮機を例にとって学びましょう。

ピストン押しのけ量

冷凍装置の冷凍能力を決める要素に、冷媒循環量があります。この冷媒循環量は、**ピストン押しのけ量**という圧縮機の性能を表す基本的な量によって決められます。

圧縮機のピストン押しのけ量とは、1秒間あたりにピストンが押しのける体積のことを指しています。その値は、往復式の場合、ピストンの行程容積と回転速度によって、次式のように決められます。

$$V = \frac{\pi D^2 L}{4}\left(\frac{n}{60}\right)N \qquad 式(6.2.1)$$

ただし、
V：ピストン押しのけ量 [m³/s]
D：シリンダの内径 [m]
L：ピストンの行程 [m]
n：1分間あたりの回転数 [rpm]
N：シリンダ数 [−]

ロータリー式（すなわち回転ピストン式）の場合には、ピストン押しのけ量は次式によります。

$$V = \frac{\pi(D^2 - d^2)L}{4}\left(\frac{n}{60}\right)N \qquad 式(6.2.2)$$

ただし、
V：ピストン押しのけ量 [m³/s]
D：シリンダの内径 [m]
d：ロータの外径 [m]
L：ロータの厚さ [m]

n：1分間あたりの回転数 [rpm]

N：シリンダ数 [－]

体積効率

　圧縮機が実際にシリンダに冷媒蒸気を吸込み圧縮して吐出す量、すなわち吸込み量は、単なる幾何学的なピストン行程容積、すなわち前述の式 (6.2.1) や式 (6.2.2) によって計算されるピストン押しのけ量より小さくなるのが普通です。その主な原因は、冷媒蒸気のシール部分からの漏れ、吸込み弁および吐出し弁における流動抵抗、シリンダ上部のすき間容積での再膨張、吸込み弁および吐出し弁の作動遅れや漏れなどです。両者の違いを表すのに、圧縮機のピストン押しのけ量 V [m³/s] に対する実際の**吸込み量** q_{vr} [m³/s] の比の値を**体積効率** η_v とよび、次式のように定義しています。

$$\eta_v = \frac{q_{vr}}{V} \qquad \text{式 (6.2.3)}$$

　体積効率は、圧縮機の構造によるばかりでなく、圧力比 (吐出しガス圧力／吸込み蒸気の圧力) やシリンダのすき間容積が大きくなるほど、低下します。往復圧縮機では、フルオロカーボン系冷媒の体積効率は、アンモニアのそれと比較して小さくなります。圧力比が2から9まで増えると、フルオロカーボン系冷媒の体積効率は、ほぼ0.9から0.5まで小さくなるといわれています。

　圧縮機の実際の吸込み量は、ピストン押しのけ量に体積効率をかけて、

$$q_{vr} = V \eta_v \qquad \text{式 (6.2.4)}$$

と表されます。

　実際の冷媒循環量 q_{mr} は、前述した式 (4.6.1) における圧縮機吸込み量 q_v を実際の吸込み量 q_{vr} で置き換え、式 (6.2.4) を代入して、次式により求めることができます。

$$q_{mr} = \frac{q_v}{v_1} = \frac{q_{vr}}{v_1} = \frac{V \eta_v}{v_1} \qquad \text{式 (6.2.5)}$$

ただし、

q_{mr}：冷媒循環量 [kg/s]

q_v：圧縮機吸込み量 [m³/s]

v_1：圧縮機入口の冷媒蒸気の比体積 [m³/kg]
q_{vr}：圧縮機の実際の吸込み量 [m³/s]
V：ピストン押しのけ量 [m³/s]
η_v：体積効率 [－]

このように、冷媒循環量は、ピストン押しのけ量、体積効率および圧縮機入口の吸込み蒸気の比体積によって決められます。吸込み蒸気の比体積 v_1 は、吸込み圧力が低いほど、過熱度が大きいほど大きくなります。この吸込み蒸気の比体積の増加は、明らかに冷媒循環量を減少させる原因となります。

式(6.2.5)によって表される冷媒循環量 q_{mr} を、前述した冷凍能力 Φ_o の関係式、式(4.6.3)に代入すると、圧縮機の体積効率を考慮した実際の冷凍能力を求めることのできる次式が得られます。

$$\Phi_o = q_{mr}(h_1 - h_4) = \frac{V \eta_v}{v_1}(h_1 - h_4) \qquad 式(6.2.6)$$

ただし、
Φ_o：冷凍能力 [kJ/s] または [kW]
V：ピストン押しのけ量 [m³/s]
η_v：体積効率 [－]
v_1：圧縮機入口の冷媒蒸気の比体積 [m³/kg]
$h_1 - h_4$：冷凍効果 [kJ/kg]

さらに、式(6.2.6)をピストン押しのけ量 V について解くと、次式を得ます。

$$V = \frac{\Phi_o v_1}{\eta_v (h_1 - h_4)} \qquad 式(6.2.7)$$

この式によって、冷凍装置に要求される冷凍能力 Φ_o が与えられたとき、必要とされる圧縮機のピストン押しのけ量 V をあらかじめ知ることができます。

6-3 圧縮機の効率—理論圧縮動力を補正する

実際の圧縮機を駆動するのに必要とされる軸動力と理論冷凍サイクルにおける理論圧縮動力の違いを知り、その補正の仕方を学びましょう。

実際の圧縮機を駆動するのに要する軸動力

実際の圧縮機を駆動するのに必要とされる軸動力(**圧縮機駆動軸動力**という)Pは、次式のように、実際の圧縮機によって冷媒蒸気を圧縮するのに要する圧縮動力(**実際の圧縮動力**)P_cと機械的摩擦損失に費やされる動力P_mの和と考えることができます。

$$P = P_c + P_m \qquad 式(6.3.1)$$

実際の圧縮動力P_cは、吸込み弁や吐出し弁の流動抵抗、作動の遅れ、シリンダと冷媒蒸気の間の熱交換などの諸損失を伴う不可逆断熱圧縮により、前述した理論冷凍サイクルの場合に可逆断熱圧縮として式(4.6.4)によって求める理論圧縮動力P_{th}よりも大きくなります。次式で表されるように、実際の圧縮動力P_cに対する理論圧縮動力P_{th}の比の値を**断熱効率**η_cとよびます。

$$\eta_c = \frac{P_{th}}{P_c} \qquad 式(6.3.2)$$

断熱効率η_cは、理論冷凍サイクルの場合に1、実際の冷凍サイクルでは常に1より小さく、圧力比が大きくなると小さくなります。往復圧縮機では、フルオロカーボン系冷媒の断熱効率はアンモニアのそれと比べて小さくなります。その値は、圧力比の2から9までの増加にともない、0.8から0.6まで減少します。

一方、機械的摩擦損失に費やされる動力P_mは、圧縮機運転時の回転や摺動にともない必然的に生ずる摩擦損失分に相当します。この影響を圧縮機駆動軸動力Pに対する実際の圧縮動力P_cの比の値で表し、これを**機械効率**η_mとよんでいます。

$$\eta_m = \frac{P_c}{P} \qquad 式(6.3.3)$$

6-3 圧縮機の効率——理論圧縮動力を補正する

　機械効率η_mは、圧力比が大きくなるにつれて小さくなり、ほぼ0.9から0.8の値となります。

　さて、圧縮機駆動軸動力Pに対する理論圧縮動力P_thの比の値を**全断熱効率**η_tadとよびます。次式に示すように、この全断熱効率η_tadは、前述の断熱効率η_cと機械効率η_mの積に等しくなっています。

$$\eta_\mathrm{tad} = \frac{P_\mathrm{th}}{P} = \frac{P_\mathrm{th}}{P_\mathrm{c}}\frac{P_\mathrm{c}}{P} = \eta_\mathrm{c}\,\eta_\mathrm{m} \quad\text{式 (6.3.4)}$$

　これら圧縮機の諸損失を考慮した関係式より、実際の圧縮機駆動軸動力Pは、理論圧縮動力P_thを、圧縮機の断熱効率η_cおよび機械効率η_mによって補正して、以下のように求められます。

$$P = \frac{P_\mathrm{th}}{\eta_\mathrm{tad}} = \frac{P_\mathrm{th}}{\eta_\mathrm{c}\eta_\mathrm{m}} = \frac{q_\mathrm{mr}(h_2 - h_1)}{\eta_\mathrm{c}\eta_\mathrm{m}} = \frac{V\eta_\mathrm{v}(h_2 - h_1)}{v_1\eta_\mathrm{c}\eta_\mathrm{m}} \quad\text{式 (6.3.5)}$$

ただし、

P：実際の圧縮機駆動軸動力 [kJ/s]または[kW]

P_th：理論圧縮動力 [kJ/s]または[kW]

η_tad：全断熱効率 [－]

η_c：断熱効率 [－]

η_m：機械効率 [－]

q_mr：冷媒循環量 [kg/s]

h_1：圧縮機入口の冷媒蒸気の比エンタルピー [kJ/kg]

h_2：圧縮機出口の冷媒蒸気の比エンタルピー [kJ/kg]

V：ピストン押しのけ量 [m³/s]

η_v：体積効率 [－]

v_1：圧縮機入口の冷媒蒸気の比体積 [m³/kg]

6-4 実際の冷凍サイクルの成績係数

理論冷凍サイクルを基準にして、実際の冷凍サイクルの成績係数を求める方法を理解しましょう。

実際の冷凍サイクル

図6.4.1に、**実際の冷凍サイクル**と理論冷凍サイクルをPh線図の上に示します。ここで、理論冷凍サイクルは、1➡2➡3➡4➡1のように示されています。この理論冷凍サイクルにおいては、前述したように圧縮機により冷媒蒸気が理想的な可逆断熱圧縮されるものとして取り扱っていますので、圧縮機入口および出口の冷媒蒸気の状態変化1➡2は等比エントロピー線上 ($s_1=s_2$) に表されます。

一方、実際の冷凍サイクルは1➡2r➡3➡4➡1で示されています。実際の冷凍サイクルでは、圧縮機の諸損失のため、冷媒蒸気は不可逆断熱圧縮されます。この不可逆断熱圧縮は、もはや状態1を通る等比エントロピー線s_1に沿って表すことはできません。不可逆変化は比エントロピーが増加する方向に起こりますので、圧縮機出口の冷媒蒸気の比エントロピーs_{2r}は圧縮機入口の冷媒蒸気の比エントロピー$s_1 (=s_2)$より必ず大きくなります。したがって、圧縮機入口出口の冷媒蒸気の不可逆断熱圧縮過程は1➡2rとして表されます。このように、実際の冷凍サイクルと理論冷凍サイクルの違いは、Ph線図上で圧縮機出口の冷媒蒸気の状態点が、2➡2rに移るものとして説明できます。ただし、不可逆断熱圧縮後の状態2rはPh線図上に状態点として明確に表すことができますが、不可逆断熱圧縮変化の途中の過程1➡2rは状態線図上にはっきりと示すことはできないので、仮想的に破線で表示しています。

実際の冷凍サイクルにおける圧縮機出口の冷媒蒸気の比エンタルピーh_{2r}は、理論冷凍サイクルの理論圧縮仕事$h_2 - h_1$、圧縮機の断熱効率η_cおよび機械効率η_mを用いて次のように表されます。

$$h_{2r} = h_1 + \frac{h_2 - h_1}{\eta_c \eta_m}$$

式(6.4.1)

6-4 実際の冷凍サイクルの成績係数

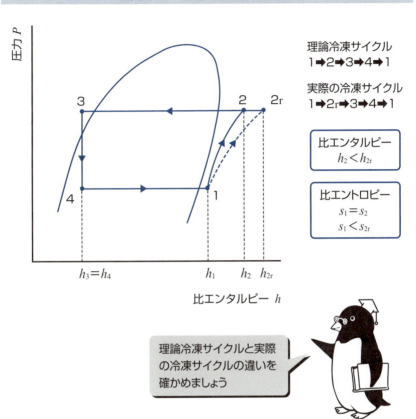

■図 6.4.1　実際の冷凍サイクル■

理論冷凍サイクル
1➡2➡3➡4➡1

実際の冷凍サイクル
1➡2r➡3➡4➡1

比エンタルピー
$h_2 < h_{2r}$

比エントロピー
$s_1 = s_2$
$s_1 < s_{2r}$

理論冷凍サイクルと実際の冷凍サイクルの違いを確かめましょう

　これは、機械的な摩擦損失など実際の圧縮機における諸損失分が冷媒蒸気の比エンタルピーの増加分となって現れることを示しています。必ず、$h_2 < h_{2r}$ となりますので、実際の圧縮仕事 $h_{2r} - h_1$ は理論圧縮仕事 $h_2 - h_1$ より大きくなります。したがって、実際の冷凍サイクルの圧縮機駆動軸仕事は、理論冷凍サイクルの理論圧縮仕事より $h_{2r} - h_2$ だけ大きくなるのです。

実際の冷凍サイクルの成績係数

圧縮機の諸損失を考慮した**実際の冷凍サイクルの成績係数** $(COP)_R$ は、式 (6.2.6) による冷凍能力 Φ_o を式 (6.3.5) による圧縮機駆動軸動力 P で割ることによって、次式のように求めることができます。

$$(COP)_R = \frac{\Phi_o}{P} = \frac{q_{mr}(h_1 - h_4)}{\dfrac{q_{mr}(h_2 - h_1)}{\eta_c \eta_m}} = \frac{h_1 - h_4}{h_2 - h_1} \eta_c \eta_m = (COP)_{th.R} \eta_c \eta_m \quad \text{式 (6.4.2)}$$

ここで、$h_1 - h_4$ は理論冷凍サイクルで定義される冷媒の冷凍効果であり、$h_2 - h_1$ は理論冷凍サイクルの理論圧縮仕事を表しています。したがって、実際の冷凍サイクルの成績係数 $(COP)_R$ は、理論冷凍サイクルの成績係数 $(COP)_{th.R}$ に、圧縮機の断熱効率 η_c と機械効率 η_m を乗じても求められることがわかります。常に、$(COP)_R < (COP)_{R.th}$ であることはいうまでもありません。このように、Ph 線図上に表される理論冷凍サイクルを基準として、圧縮機の諸損失を考慮することによって実際の冷凍サイクルの成績係数を知ることができるのです。

つぎに、**実際のヒートポンプサイクルの成績係数** $(COP)_H$ を考えてみます。実際のヒートポンプサイクルの凝縮負荷 Φ_k は、冷凍能力 Φ_o と圧縮機駆動軸動力 P の和として、次式のように表されます。

$$\Phi_k = \Phi_o + P = q_{mr}(h_1 - h_4) + \frac{q_{mr}(h_2 - h_1)}{\eta_c \eta_m} \quad \text{式 (6.4.3)}$$

したがって、$(COP)_H$ は、上式の Φ_k を式 (6.3.5) の P で除すことによって次式のように求められます。

$$(COP)_H = \frac{\Phi_k}{P} = \frac{\Phi_o + P}{P} = \frac{\Phi_o}{P} + 1 = (COP)_R + 1 \quad \text{式 (6.4.4)}$$

このように、理論ヒートポンプサイクルと理論冷凍サイクルの場合と同様に、実際のヒートポンプサイクルの成績係数は、実際の冷凍サイクルの成績係数よりも1だけ大きいという関係が成り立っています。

6-5 実際の冷凍サイクルを解く

実際の圧縮機駆動軸動力を考慮した実際の冷凍サイクルの問題を解き、実際の冷凍サイクルの成績係数と理論冷凍サイクルのそれと比べてみましょう。

■ R 717 を用いた実際の冷凍サイクルの問題

4-8節で取り扱った理論冷凍サイクルと同じ温度条件で、R 717（アンモニア）冷凍装置が下記の運転条件で作動している。

運転条件

凝縮温度	$t_k=40$℃
凝縮器出口冷媒液の過冷却度	5 K
蒸発温度	$t_o=-30$℃
圧縮機入口冷媒蒸気の過熱度	5 K
圧縮機吸込み蒸気の比エンタルピー	$h_1=1435$ kJ/kg
理論断熱圧縮後の圧縮機吐出しガスの比エンタルピー	$h_2=1846$ kJ/kg
膨張弁入口の冷媒液の比エンタルピー	$h_3=366$ kJ/kg
圧縮機の断熱効率	$\eta_c=0.80$
圧縮機の機械効率	$\eta_m=0.90$
冷媒循環量	$q_{mr}=0.0850$ kg/s

このとき、以下の各問に答えよ。ただし、圧縮機の機械的な摩擦損失仕事はすべて熱となって冷媒に加えられるものとする。

(1) 理論冷凍サイクルとして求められる理論圧縮動力はいくらか。
(2) 実際の圧縮機駆動軸動力はいくらか。
(3) 実際の圧縮機出口吐出しガスの比エンタルピーはいくらか。
(4) 実際の冷凍サイクルの成績係数はいくらか。

解答例

(1) 理論圧縮動力

理論圧縮動力 P_{th} は4-8節と同様に次式のように求められる。

$$P_{th} = q_{mr}(h_2 - h_1) = 0.0850 \times (1846 - 1435) = 34.9 \text{ kW}$$

(2) 実際の圧縮機駆動軸動力

実際の圧縮機駆動軸動力 P は、圧縮機の断熱効率 η_c と機械効率 η_m とを用いて次のように求められる。

$$P = \frac{P_{th}}{\eta_c \eta_m} = \frac{34.9}{0.80 \times 0.90} = 48.5 \text{ kW}$$

このように、実際の冷凍サイクルでは圧縮機の諸損失のために、圧縮機駆動軸動力は理論圧縮動力と比べて大幅に増大する。

(3) 実際の圧縮機出口吐出しガスの比エンタルピー

実際の圧縮機出口吐出しガスの比エンタルピー h_{2r} は

$$P = \frac{P_{th}}{\eta_c \eta_m}$$

$$q_{mr}(h_{2r} - h_1) = \frac{q_{mr}(h_2 - h_1)}{\eta_c \eta_m}$$

より

$$h_{2r} = h_1 + \frac{h_2 - h_1}{\eta_c \eta_m} = 1435 + \frac{1846 - 1435}{0.80 \times 0.90} = 2006 \text{ kJ/kg}$$

と求められる。圧縮機の機械的な摩擦損失仕事はすべて熱となって冷媒に加えられ、実際の冷凍サイクルの圧縮機出口吐出しガスの比エンタルピー $h_{2r}=2006$ kJ/kgは、理論冷凍サイクルの場合の $h_2=1846$ kJ/kgより160 kJ/kgだけ増加したことになる。

(4) 実際の冷凍サイクルの成績係数

実際の冷凍サイクルの成績係数 $(COP)_R$ は、

$$(COP)_R = \frac{\Phi_o}{P} = \frac{q_{mr}(h_1-h_4)}{P} = \frac{q_{mr}(h_1-h_3)}{P} = \frac{0.0850 \times (1435-366)}{48.5} = 1.87$$

と求められる。ただし、$h_3 = h_4$ である。実際の冷凍サイクルの成績係数は理論冷凍サイクルのそれと比べて明らかに低下する。

または、4-8節の結果 $(COP)_{th.R} = 2.60$ を用いて

$$(COP)_R = \frac{\Phi_o}{P} = \frac{\Phi_o}{\dfrac{P_{th}}{\eta_c \eta_m}} = \frac{\Phi_o}{P_{th}} \eta_c \eta_m = (COP)_{th.R} \, \eta_c \eta_m = 2.60 \times 0.80 \times 0.90 = 1.87$$

と求めても、同じ値が得られる。

実際の冷凍サイクルは理論冷凍サイクルをベースにして解析できるのです

6-6 圧縮機の容量制御と運転保守

冷凍負荷の変動に応じて圧縮機の容量を制御することが必要です。容量制御にはどのような方法があるでしょうか。また、圧縮機の運転保守上、注意すべき事項は何でしょうか。

■ 圧縮機の容量制御

冷却対象および周囲の変化に対応して、冷凍サイクルの蒸発温度や蒸発圧力を一定に保つために、圧縮機の容量を制御することが必要とされます。冷凍装置の負荷変動に対応すべき圧縮機の**容量制御**の主な方法をまとめました（図6.6.1）。

(1) 圧縮機の運転をオンオフする
　最も単純な方法で、主に圧縮機吸込み側に取り付けた低圧圧力スイッチによって圧縮機自身をオンオフします。小形冷凍機に用いられています。
(2) 圧縮機の運転台数を変える
　2台以上の圧縮機をもつ冷凍装置で採用されます。低圧圧力スイッチによって吸込み圧力の変化を検知し、圧縮機を順次運転させます。
(3) 圧縮機の回転速度を変える
　インバータによって電源周波数を変化させて圧縮機の回転数を調節して容量制御します。
(4) 蒸発圧力調整弁によって吸込み蒸気量を制御する
　蒸発圧力調整弁は圧縮機吸込み管に取り付けられます。これにより、冷凍負荷の減少にともない蒸発圧力が所定の圧力以下に低下するのを防ぐため圧縮機吸込み蒸気量を少なくします。
(5) 吸入圧力調整弁によって吸込み蒸気量を制御する
　吸入圧力調整弁は圧縮機吸込み管に取り付けられ、圧縮機の吸込み圧力が所定の圧力以上に上がらないように、吸込み蒸気量を抑えます。
(6) 多気筒圧縮機のアンローダによる
　多気筒圧縮機には、**アンローダ**とよばれる容量制御装置が取り付けられてい

ます。アンローダは、冷凍負荷の変動にともない、各吸込み弁を開放して作動している気筒数を減らし、25〜100％の間で圧縮機の容量を段階的に変化させます。アンローダは圧縮機の始動時に、潤滑油の油圧が正常になるまでに負荷を軽減するためにも使われます。

■図 6.6.1　圧縮機容量制御のいろいろ■

(1) オンオフ制御

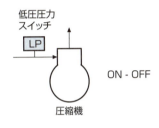

(2) 台数制限

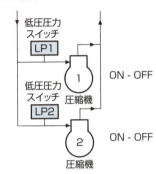

(3) 回転速度制御

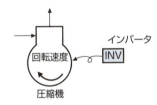

(4) 蒸発圧力調整弁による制御

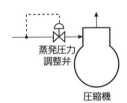

(5) 吸入圧力調整弁による制御

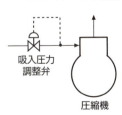

いろいろな制御方法がありますね

圧縮機の運転保守

冷凍装置の心臓部である圧縮機を正常に運転し、保守するときに注意すべき事項を以下に列挙します。適切な保守・点検が冷凍装置の正常な運転に欠かせません。

(1) 電動機巻線の焼損を防ぐため、圧縮機の頻繁な始動、停止をさけるようにする
(2) 圧縮機の吸込み弁および吐出し弁の破損、異物の付着によるガス漏れに注意する
(3) 圧縮機のピストンリングおよび油かきリングの磨耗によるガス漏れに注意する
(4) 油圧ポンプによる圧縮機潤滑油（冷凍機油）の油圧を確保する
(5) 圧縮機始動時に冷凍機油に溶け込んだ冷媒が急激に沸騰するような泡立ち現象（オイルフォーミング）を防止する

冷凍装置の心臓部である圧縮機の保守・点検は大切です

Quiz 章末クイズ

圧縮機およびその運転に関する次の記述のうち、正しいものに○、正しくないものに×を（ ）内につけなさい。計算して答える問題や式を誘導して答える問題も含みます。15問中9問正解すれば合格です。　　　　　　　　　　　　　　　（解答はP.268）

(1) 冷媒蒸気の圧縮方式により、圧縮機は容積式と遠心式に大別される。（ ）

(2) ロータリー圧縮機は、吸い込んだ冷媒蒸気を高速で回転する羽根車で加速し、ディフューザで圧力を上昇させて、圧縮する。（ ）

(3) 電動機を圧縮機のケーシングの中に設置し、ケーシングを溶接によって密閉するタイプの圧縮機は半密閉圧縮機とよばれる。（ ）

(4) アンモニア冷凍装置の圧縮機には、アンモニアが電動機の巻線を侵食する恐れがあるので、密閉形ではなく開放形が用いられる。（ ）

(5) 往復圧縮機のピストン押しのけ量 V=0.05 m^3/s、実際の吸込み量 q_{vr}=0.04 m^3/s であるとき、この圧縮機の体積効率は η_v=0.8 となる。体積効率の値は常に1より小さい。（ ）

(6) 回転ピストン式のロータリー圧縮機の体積効率 η_v およびピストン押しのけ量 V、圧縮機吸込み蒸気の比エンタルピー h_1 および比体積 v_1、蒸発器入口冷媒の比エンタルピー h_4 であるとき、冷凍装置の実際の冷凍能力 Φ_o は、

$$\Phi_o = \frac{V\eta_V}{v_1}(h_1 - h_4)$$

という関係式を用いて求めることができる。（ ）

(7) 往復圧縮機の吸込み弁から冷媒蒸気が漏れると、圧縮機の体積効率が低下し、冷凍能力も低下する。（ ）

(8) 不可逆的な断熱圧縮による圧縮機の実際の圧縮動力を P_c とし、理論冷凍サイクルにおける可逆的な断熱圧縮による理論圧縮動力を P_{th} とする。このとき、

$\eta_c = \dfrac{P_c}{P_{th}}$ と定義される比の値を断熱効率という。常に、η_c<1 である。（ ）

(9) 圧縮機入口および出口の圧力比が大きくなっても、圧縮機の断熱効率の値は一定のままである。（ ）

(10) 実際の圧縮機駆動軸動力 P は、実際の圧縮動力 P_c と機械的摩擦損失動力 P_m の和であると考えられる。このとき、$\eta_m = \dfrac{P_c}{P}$ を機械効率とよぶ。常に、η_m<1 が成り立つ。（ ）

(11) 理論圧縮動力20 kW、断熱効率0.75、機械効率0.85である冷凍装置の実際の圧縮動力はおよそ23 kWと計算できる。（ ）

(12) 冷凍装置とヒートポンプ装置の運転条件が同じであり、圧縮機の機械的摩擦損失仕事が熱となって冷媒に加えられる場合、実際のヒートポンプ装置の成績係数は実際の冷凍装置の成績係数よりも1だけ大きい。（　）

(13) 2台の圧縮機をもつ冷凍装置の容量制御では、低圧圧力スィッチによって吐出しガス圧力の変化を検知して圧縮機を順次発停させることがある。（　）

(14) 圧縮機の回転速度を変えて容量制御するために、アンローダとよばれる装置が使用される。（　）

(15) 多気筒往復圧縮機のアンローダ（容量制御装置）は、冷凍負荷が減少すると、圧縮機の吸込み弁を開放して作動気筒数を減らし、圧縮機の容量を段階的に制御する。（　）

第7章

冷凍装置を構成する機器のいろいろ

　冷凍装置は、前章で述べた圧縮機のほかに、熱交換器である凝縮器や蒸発器、附属機器としての受液器、油分離器、液分離器などから構成されています。また、冷凍サイクルをコントロールする膨張弁などの自動制御機器、緊急事態に対応する安全装置も重要な役割を演じます。第7章では、これら冷凍装置を構成する機器のいろいろについて学びましょう。

7-1 凝縮器──冷媒蒸気を冷媒液に戻す

凝縮器では冷媒蒸気は冷却されて冷媒液に戻り、再び蒸発して物を冷やすための準備をします。冷凍サイクルの中で重要な役割を担う凝縮器の種類や用途について、理解を深めましょう。

凝縮負荷

凝縮器は、冷凍サイクルにおいて、圧縮機により圧縮された高圧・高温の冷媒蒸気を水または空気によって冷却し、凝縮させる役目をもつ熱交換器です。凝縮器では、蒸発器で受け取った熱量と圧縮機によって与えられた圧縮仕事とを合わせた熱量を冷媒から奪い取らねばなりません。この凝縮器で必要とされる伝熱量が凝縮負荷 $Φ_k$ です。理論冷凍サイクルでは4-6節で述べたように、凝縮負荷 $Φ_k$ は、冷凍能力 $Φ_o$ と理論圧縮動力 P_{th} の合計、すなわち、$Φ_k = Φ_o + P_{th}$ となります。

また、実際の冷凍サイクルでは、6-4節で述べたように、凝縮負荷 $Φ_k$ は、理論圧縮動力 P_{th} の代わりに圧縮機駆動軸出力 P を用いて、$Φ_k = Φ_o + P$ と表されます。

凝縮器の種類と用途

冷却流体によって水冷凝縮器または空冷凝縮器に分けられます。冷却流体の蒸発を利用する蒸発式凝縮器もあります。冷凍機に使用される凝縮器には、水冷式の横形シェルアンドチューブ、立形シェルアンドチューブおよび二重管(ダブルチューブ)、空冷式のプレートフィンチューブ、そして蒸発式という5つの代表的な形式があります。表7.1.1に凝縮器の種類と用途をまとめました。

■表7.1.1 凝縮器の種類と用途■

冷却流体等	形式	用途
水冷式	横形シェルアンドチューブ	冷凍・冷蔵・空調
	立形シェルアンドチューブ	冷凍・冷蔵(大形アンモニア冷凍機)
	二重管(ダブルチューブ)	冷凍・冷蔵・空調(小形)
空冷式	プレートフィンチューブ	冷凍・冷蔵・空調(小形、中形)
蒸発式	蒸発式	冷凍・冷蔵(アンモニア冷凍機)

水冷凝縮器

水を冷却流体として用いる凝縮器が**水冷凝縮器**です。水冷凝縮器では、現在、**横形シェルアンドチューブ凝縮器**と**二重管（ダブルチューブ）凝縮器**が主に使用されています。冷却水はポンプで送られます。

図7.1.1は横形シェルアンドチューブ凝縮器です。横置きにされた鋼板製の円筒胴（シェル）に多数の伝熱管（チューブ）が配置されています。伝熱管は円筒胴の両端で鋼製の管板にまとめられます。冷媒蒸気は円筒胴の上部から入り、伝熱管の外表面で凝縮し、円筒胴の下部から流出します。冷却水は一般に下部の入口から入り、上部の出口に到達するまでの間に何回か折れ曲がり往復する伝熱管内を流れながら冷媒蒸気から熱を奪います。伝熱管の往復の回数をパスといい、3回往復するとき6パスとなります。フルオロカーボン冷媒では通常、ローフィン付きの銅製の伝熱管が用いられます。アンモニア冷媒では、銅を腐食するので、鋼製のフィンのない裸管が使用されます。冷却水の流速は大きいほうが熱伝達率を大きくすることができるが、侵食への影響と輸送ポンプ動力が大きくなり過ぎないように、1〜3 m/sの範囲に設計されます。また、凝縮器の伝熱面積は冷媒に接する伝熱管全体の外表面積を指しています。受液器を兼ねる凝縮器出口における冷媒液を過冷却するために、伝熱管を凝縮器下部に溜まる冷媒液中を通るように配置しています。

■図7.1.1　横形シェルアンドチューブ凝縮器■

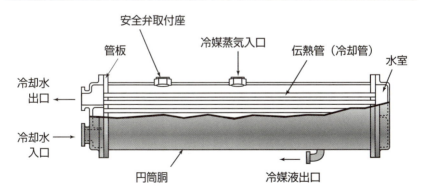

7-1　凝縮器—冷媒蒸気を冷媒液に戻す

　図7.1.2は、二重管凝縮器です。同心の二重管構造が基本で、シェルアンドチューブ凝縮器のような管板がなくコンパクトです。小形の冷凍装置に用いられます。冷媒蒸気は外管と内管との間の環状のすき間を上部から下部へ流れ、冷却水は内管の内部を下部から上部へ流れます。このように、冷媒と冷却水が対向して流れるため、凝縮器出口の冷媒液は、温度の低い入口の冷却水と熱交換するので、シュルアンドチューブ凝縮器より冷媒液の過冷却が容易に行われます。

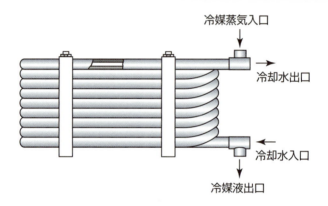

■表7.1.2　二重管凝縮器■

空冷凝縮器

　空冷凝縮器（図7.1.3）は主に小形、中形のフルオロカーボン冷凍装置に使用されます。冷却流体は空気ですから、水冷式と異なり、その流路は広くとられ、伝熱面積を大きくします。空気と伝熱管外面との間の熱伝達率は小さく、これを補うために伝熱管外面にはフィンが取り付けられます。冷却に必要な空気はファンで送られます。凝縮器前面の（凝縮器に入る）空気の流速は一般に1.5〜2.5 m/sです。フィンには銅版やアルミニウム板が使用されます。その形状がプレートフィンであるため、この凝縮器はプレートフィンチューブ凝縮器とよばれます。伝熱管は通常、銅製です。冷媒側の伝熱性能を改善するため伝熱管内面に微細な溝加工を施したマイクロフィンチューブを取り付けた凝縮器も用いられています。空冷凝縮器の一般的な設計条件は、入口空気温度を32℃、冷媒の凝縮温度を45〜50℃としています。

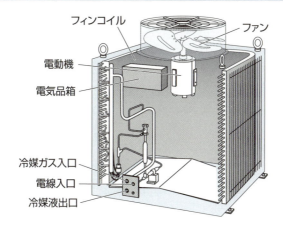

■図 7.1.3　空冷凝縮器■

蒸発式凝縮器

　蒸発式凝縮器（図7.1.4）は空冷凝縮器と比べて、凝縮温度をより低くとることができます。蒸発式凝縮器は、主にアンモニア冷凍装置に使われます。冷却水はポンプによって冷却コイルの上部から散布され、この散水の蒸発熱を主に利用して、冷却コイルの中を流れる冷媒蒸気から熱を奪い、冷媒蒸気を凝縮させます。蒸発式凝縮器では、さらに、送風機により外気を取り入れ、水の蒸発を促進させます。散水のうち蒸発しなかった水は凝縮器下部の水槽に戻り、再びポンプにより圧送され冷却コイル表面に散布されます。

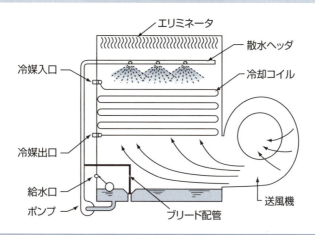

■図 7.1.4　蒸発式凝縮器■

7-2 凝縮器における伝熱

ここでは、水冷凝縮器を例にとって、凝縮器における伝熱計算の基本を学びましょう。

冷却水の温度変化

冷却水は冷媒蒸気から熱を受け取り、その温度を上昇させます。したがって、冷媒蒸気を凝縮させるのに必要とされる伝熱量、すなわち凝縮負荷 $\Phi_k = \Phi_o + P$ は、冷却水が受け取る熱量に等しくなります。この関係は、冷却水の比熱を一定とすると、次のように表されます。

$$\Phi_k = q_{mr}(h_2 - h_3) = c_w q_{mw}(t_{w2} - t_{w1}) \qquad 式(7.2.1)$$

ただし、

Φ_k：凝縮負荷 [kW]

q_{mr}：冷媒循環量 [kg/s]

h_2：凝縮器入口の冷媒の比エンタルピー [kJ/kg]

h_3：凝縮器出口の冷媒の比エンタルピー [kJ/kg]

q_{mw}：冷却水量 [kg/s]

t_{w1}：冷却水の入口温度 [℃]

t_{w2}：冷却水の出口温度 [℃]

c_w：冷却水の比熱（一定）[kJ/(kg・K)]

冷却水の温度は、凝縮負荷および冷却水量に応じて、凝縮器入口の t_{w1} から出口の t_{w2} まで上昇します。

凝縮器における温度分布

凝縮器において、冷媒および冷却水は、伝熱管を隔ててお互いに対向して流れながら熱交換します。そのとき、冷媒および冷却水の流れに沿う温度分布は、図7.2.1のように表されます。前述したように、冷却水の温度は入口の t_{w1} から出口 t_{w2} まで上昇します。一方、冷媒については、凝縮器入口の冷媒過熱蒸気の温度 t_{r1}、凝縮域（湿り蒸気域）では凝縮温度 t_k で一定、さらに、凝縮器出口の冷

媒過冷却液の温度t_{r2}のように厳密には変化しますが、過熱蒸気域および過冷却液域での温度変化を無視し、一般に、凝縮器内の冷媒温度は、凝縮域での凝縮温度t_kで一定として取り扱われます。

このように、冷媒の温度はその凝縮温度t_kで一定として取り扱われますが、冷却水の温度がt_{w1}からt_{w2}まで変化しますので、両者の温度差は、$\Delta t_1 = t_k - t_{w1}$から$\Delta t_2 = t_k - t_{w2}$まで減少します。よって、伝熱管を隔てた冷媒と冷却水との間の伝熱量の計算には、平均温度差Δt_mとして、厳密には、次式で示される**対数平均温度差**が使用されます。

$$\Delta t_m = \frac{\Delta t_1 - \Delta t_2}{\ln \dfrac{\Delta t_1}{\Delta t_2}} \qquad 式(7.2.2)$$

ただし、

$\Delta t_1 = t_k - t_{w1}$：凝縮温度−冷却水入口温度 [K]
$\Delta t_2 = t_k - t_{w2}$：凝縮温度−冷却水出口温度 [K]

しかしながら、実用的な伝熱計算では、簡便さのため、冷媒と冷却水との間の平均温度差として、次式で定義される**算術平均温度差**が使われます。

■図7.2.1　凝縮器における温度分布■

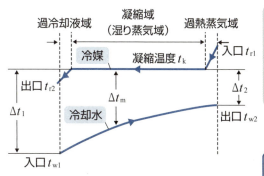

凝縮器の伝熱計算では、冷媒と冷却水との温度差は算術平均温度差で近似することが多いです

・冷媒の温度は凝縮温度t_kで一定とする
・冷媒入口部の過熱蒸気域での温度差と冷媒出口部の過冷却液での温度差は無視する

算術平均温度差
$$\Delta t_m = \frac{\Delta t_1 + \Delta t_2}{2}$$
ただし
$\Delta t_1 = t_k - t_{w1}$
$\Delta t_2 = t_k - t_{w2}$

$$\Delta t_\mathrm{m} = \frac{\Delta t_1 + \Delta t_2}{2} \qquad 式(7.2.3)$$

ただし、

$\Delta t_1 = t_\mathrm{k} - t_\mathrm{w1}$：凝縮温度－冷却水入口温度 [K]
$\Delta t_2 = t_\mathrm{k} - t_\mathrm{w2}$：凝縮温度－冷却水出口温度 [K]

$\Delta t_1 / \Delta t_2$が2以下となるような温度条件のもとでは、厳密な対数平均温度差と近似的な算術平均温度差の違いによる伝熱量の計算誤差はわずか4%以内であることがわかっています。したがって、実用的な伝熱計算では、式(7.2.3)で定義される近似的で簡便な算術平均温度差が使われています。

凝縮器における伝熱の基礎式

水冷凝縮器における冷媒から冷却水への伝熱量は、凝縮負荷$\varPhi_\mathrm{k}$に等しく、式(3.4.1)で表した熱通過の基礎式の温度差ΔTに代わりに、式(7.2.3)の算術平均温度差Δt_mを用いて、次式より求められます。

$$\varPhi_\mathrm{k} = K \Delta t_\mathrm{m} A \qquad 式(7.2.4)$$

ただし、

$\varPhi_\mathrm{k}$：凝縮負荷（伝熱量）[kW]
K：熱通過率 [kW/(m^2·K)]
Δt_m：算術平均温度差、式(7.2.3) [K]
A：伝熱面積（後述の外表面伝熱面積に相当する）[m^2]

この式は、凝縮負荷（伝熱量）$\varPhi_\mathrm{k}$の計算ばかりでなく、凝縮負荷、算術平均温度差および伝熱面積から熱通過率Kを、凝縮負荷、熱通過率および算術平均温度差から伝熱面積Aを求めるときにも使用する基礎式となっています。

横形シェルアンドチューブ凝縮器の伝熱管として銅製のローフィンチューブが用いられます。冷媒から伝熱管外表面への熱伝達率は伝熱管内面から冷却水への熱伝達率より小さいので、伝熱管の外側（冷媒側）には細いねじ状の溝を付け、内表面積に対して外表面積を大きくした管がローフィンチューブです。冷却水側伝熱面積A_wに対する冷媒側有効伝熱面積A_rの比の値は、**有効内外伝**

熱面積比mとよばれます。通常、$m = A_r/A_w = 3.5〜4.2$にとられます。

　冷却水の汚れや不純物は長時間の運転の後に伝熱管内表面に水あかとなって付着します。水あかの付着は熱通過率Kの値を小さくし、凝縮器の伝熱性能を低下させ、凝縮温度が上がって、圧縮機の駆動軸動力を増加させる原因となります。水あかの付着による熱伝導抵抗を**汚れ係数**f [(m²・K) /kW]とよびます。定期的な水あかの清掃によって、汚れ係数を小さくして運転することが必要です。

　前述の有効内外伝熱面積比mと汚れ係数fを考慮すると、冷媒側フィン付き外表面基準の熱通過率Kは近似的に次式のように表されます。

$$\frac{1}{K} = \frac{1}{\alpha_r} + m\left(\frac{\delta}{\lambda} + \frac{1}{\alpha_w} + f\right) = \frac{1}{\alpha_r} + m\left(\frac{1}{\alpha_w} + f\right) \quad 式(7.2.5)$$

ただし、

K：冷媒側フィン付き外表面基準の熱通過率 [kW/ (m²・K)]

α_r：冷媒側の熱伝達率 [kW/ (m²・K)]

α_w：冷却水側 (内面) の熱伝達率 [kW/ (m²・K)]

λ：伝熱管の熱伝導率 [kW/ (m・K)]

δ：伝熱管の厚さ [m]

m：有効内外伝熱面積比 ($= A_r/A_w$) [ー]

A_r：冷媒側の有効伝熱面積 [m²]

A_w：冷却水側 (内面) の伝熱面積 [m²]

f：冷却水側の汚れ係数 [m²・K/kW]

　上式の右辺においては、伝熱管の熱伝導抵抗に相当するδ/λの項が省略されています。これは、通常、伝熱管の管材 (銅など) の熱伝導率λは大きく、かつ薄肉であるため厚さδは小さいので、熱伝導抵抗δ/λは他の熱伝達抵抗と比べて無視できるためです。

7-3 凝縮器の伝熱計算をしてみよう

水冷凝縮器を例にとって、基本的な伝熱計算の問題を解いてみましょう。

水冷凝縮器の伝熱計算の問題

伝熱面積32 m², 凝縮負荷180 kWであるR 134a使用の水冷凝縮器がある。冷却水の入口温度は30℃である。伝熱管（裸管）の伝熱性能は以下のとおりとする。

冷媒側の熱伝達率α_r = 1.47 kW/(m²·K)
冷却水側の熱伝達率α_w = 2.35 kW/(m²·K)
汚れ係数f = 0.175 m²·K/kW

このとき、冷媒R 134aの凝縮温度を40℃とするのに必要な冷却水量はいくらか。ただし、伝熱管の熱伝導抵抗は無視できるものとする。また、平均温度差には算術平均温度差を用いるものとする。冷却水の比熱は4.2 kJ/(kg·K)で一定とする。

問題を解く

まず、式(7.2.5)を用いて、熱通過率Kを求める。伝熱管は裸管でフィンは付いていないので、有効内外伝熱面積比m=1とする。

$$\frac{1}{K} = \frac{1}{\alpha_r} + m\left(\frac{1}{\alpha_w} + f\right) = \frac{1}{1.47} + 1 \times \left(\frac{1}{2.35} + 0.175\right) = 1.281 \text{ m}^2\cdot\text{K/kW}$$

よって、

$$K = \frac{1}{1.281} = 0.7806 \text{ kW/(m}^2\cdot\text{K)}$$

次に、式(7.2.4)を用い、凝縮負荷Φ_k、伝熱面積A、熱通過率KからR 134aの凝縮温度と冷却水の平均温度差Δt_mを算出する。

$$\Delta t_m = \frac{\Phi_k}{KA} = \frac{180}{0.7806 \times 32} = 7.205 \text{ K}$$

平均温度差として、式(7.2.3)で与えられる算術平均温度差を用いると、

$$\Delta t_m = \frac{\Delta t_1 + \Delta t_2}{2} = \frac{t_k - t_{w1} + t_k - t_{w2}}{2} = t_k - \frac{t_{w1} + t_{w2}}{2}$$

上式をt_{w2}について整理する。すると、冷却水の出口温度t_{w2}が次のように求められる。

$$t_{w2} = 2(t_k - \Delta t_m) - t_{w1} = 2 \times (40 - 7.205) - 30 = 35.59 \text{ ℃}$$

したがって、冷却水の入口温度が$t_{w1} = 30$℃、その出口温度が$t_{w2} = 35.59$℃となるために必要とされる冷却水量q_{mw}は、式(7.2.1)から、以下のように求めることができる。

$$q_{mw} = \frac{\Phi_k}{c_w(t_{w2} - t_{w1})} = \frac{180}{4.2 \times (35.59 - 30)} = 7.67 \text{ kg/s}$$

以上の伝熱計算によって、問題の水冷凝縮器においてR134aの凝縮温度を40℃にするためには、7.67 kg/sの冷却水量が必要であることがわかる。

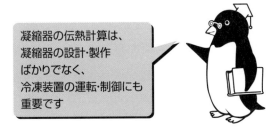

凝縮器の伝熱計算は、凝縮器の設計・製作ばかりでなく、冷凍装置の運転・制御にも重要です

7-4 蒸発器—冷媒液が蒸発して冷却・冷凍作用を行う

冷媒液が蒸発して冷却・冷凍作用を行う蒸発器は、凝縮器同様、冷凍装置の重要な役割を演ずるところです。ここでは蒸発器の種類や用途について紹介しましょう。

蒸発器の種類と用途

　凝縮器を出た冷媒液は、膨張弁を通過して絞り膨張し、**蒸発器**に入ります。蒸発器では、湿り蒸気の状態にある冷媒が冷却すべき流体（被冷却流体）から熱を奪って蒸発し、冷凍装置の目的とする冷却・冷凍作用が行われます。蒸発器における被冷却流体から冷媒への伝熱量が冷凍サイクルの冷凍能力Φ_oに相当します。通常、被冷却流体としては、空気、水、ブライン、冷媒などがあります。蒸発器は被冷却流体を冷やすための熱交換器という観点から、それぞれ、**空気冷却器**、**水冷却器**、**ブライン冷却器**などとよぶことがあります。

　表7.4.1に、蒸発器の種類と用途を示します。蒸発器は冷媒液の供給方法によって、乾式、満液式および冷媒液強制循環式に大別されます。水やブラインなどが被冷却流体であるときには、乾式および満液式の両方で、シェルアンドチューブ形の蒸発器が用いられます。一方、空気冷却用の蒸発器には、プレートフィンコイルを用いた乾式のものがよく使われています。

乾式蒸発器

　蒸発器に供給された冷媒液が蒸発し、蒸発器を出るときには完全に蒸発を終える状態になるものを**乾式蒸発器**とよんでいます。一般的には、蒸発器出口の冷媒温度と圧力を検知し、後述する温度自動膨張弁を用いて、蒸発器出口の冷媒蒸気が過熱蒸気の状態になるように冷媒循環量が制御されます。

　図7.4.1は、水やブラインを冷却するために用いられる**乾式シェルアンドチューブ蒸発器**です。冷媒液は下部の入口から入り、伝熱管の中で蒸発を終え、過熱されて上部の出口から圧縮機に向かいます。被冷却流体の水はシェルと伝熱管の間を通り抜けながら冷却されます。水やブラインなどの被冷却流体側と比べて、冷媒側の熱伝達率は小さいので、伝熱管として内側にフィンをつけた

インナーフィンチューブが用いられます。

図7.4.2に、プレートフィンコイルを用いる空調用空気冷却用の乾式蒸発器を示します。**乾式プレートフィンコイル蒸発器**では多数の伝熱管が使われるので、冷媒液を均等に分配するディストリビューター（分配器）が取り付けられます。伝熱管の内側を冷媒液が流れ、蒸発しながら、伝熱管の外側を流れる空気を冷却します。空気と冷媒の流れはお互いに逆方向の対向流となっています。伝熱管の外表面にはアルミニウム製のフィンが取り付けられ、空気側の伝熱性能を改善する工夫がなされています。ただし、蒸発温度の低い場合には霜が着きやすくなるため、フィンのピッチは、冷凍・冷蔵用では広く10～15 mm、空調用では2 mm程度となるように設計されています。

霜が厚く付着すると、伝熱性能の低下を招き、最終的に成績係数が小さくなる原因となります。蒸発器の除霜は、次の方式によって行われています。

■表 7.4.1　蒸発器の種類と用途■

冷媒供給方法	形式	用途
乾式	プレートフィンコイル	冷凍・冷蔵、空調用空気冷却
	シェルアンドチューブ	冷凍・冷蔵、ブライン冷却、空調用水冷却
満液式	プレートフィンコイル	冷凍・冷蔵、空気冷却
	シェルアンドチューブ	冷凍・冷蔵、ブライン冷却
液強制循環式	プレートフィンコイル	冷凍・冷蔵、空気冷却

■図 7.4.1　乾式シェルアンドチューブ蒸発器■

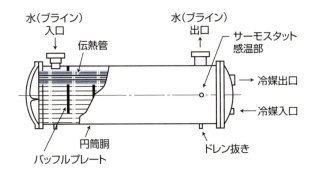

(1) 散水方式：10〜25℃の水を散水して、霜を融解する
(2) ホットガス方式：圧縮機から吐き出される高温の冷媒蒸気を送り、霜を融解する
(3) その他：水の代わりにエチレングリコールを散布したり、電気ヒータで加熱する方式がある

■図7.4.2　乾式プレートフィンコイル蒸発器■

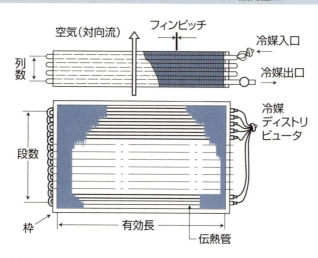

満液式蒸発器

　蒸発器内を流れる冷媒の大部分が液の状態であるような構造をもつ蒸発器が**満液式蒸発器**です。図7.4.3は代表的な満液式シェルアンドチューブ蒸発器の例です。多数の伝熱管がシェルの中で蒸発する冷媒液に浸され、伝熱管の内側を流れる水またはブラインを冷却します。冷媒液は下部の入口から送られ、蒸発した冷媒蒸気は上部の出口から飽和蒸気に近い状態で圧縮機に吸い込まれます。伝熱管が常に冷媒液に浸されているようにフロート弁による液面制御が行われます。満液式の特徴として、冷媒の流速が小さく冷媒の圧力損失が小さくなること、ならびに冷媒側の熱伝達率が比較的よいことなどが挙げられます。

　ところで、満液式蒸発器では、冷媒液がいつもシェル内に留まっているため、蒸発器内に冷媒とともに入った冷凍機油が圧縮機へ戻りにくくなるので、特別な油戻し装置が必要とされます。

■図7.4.3　満液式シェルアンドチューブ蒸発器■

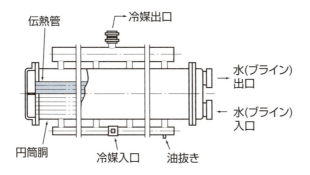

冷媒液強制循環式蒸発器

　冷媒液強制循環式蒸発器では低圧受液器と冷媒液ポンプが必要とされます（図7.4.4）。膨張弁を出た後の低圧受液器中の冷媒液を冷媒液ポンプで強制的に蒸発器に送ります。蒸発しないまま蒸発器を出る冷媒液は低圧受液器に戻されます。蒸発した冷媒蒸気は、飽和蒸気に近い状態で圧縮機に吸い込まれます。冷媒液強制循環式では、冷媒液ポンプにより複数の蒸発器に冷媒液を送ることができるという利点があります。しかし、このタイプの蒸発器は低圧受液器や冷媒液ポンプを必要としますので、小形の冷凍装置では採用されません。

■図7.4.4　冷媒液強制循環式蒸発器を用いた冷凍サイクル■

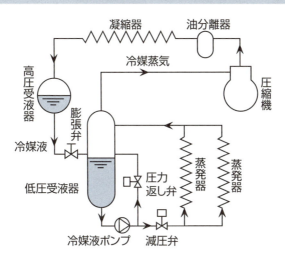

7-5 蒸発器における伝熱

ここでは、乾式蒸発器を例にとって、蒸発器における伝熱計算の基礎を学びます。

■ 被冷却流体の温度変化

被冷却流体は冷媒液の蒸発により熱を奪われ、その温度を低下させます。被冷却流体から冷媒への伝熱量は冷凍能力 Φ_o に等しく、かつ被冷却流体が失う熱量に等しくなります。この関係は、被冷却流体の比熱を一定とすると、次式のように表すことができます。

$$\Phi_o = q_{mr}(h_1 - h_4) = c_w q_{mw}(t_{w1} - t_{w2}) \qquad 式(7.5.1)$$

ただし、

Φ_o：冷凍能力 [kW]

q_{mr}：冷媒循環量 [kg/s]

h_1：蒸発器出口の冷媒の比エンタルピー [kJ/kg]

h_4：蒸発器入口の冷媒の比エンタルピー [kJ/kg]

q_{mw}：被冷却流体の質量流量 [kg/s]

t_{w1}：被冷却流体の入口温度 [℃]

t_{w2}：被冷却流体の出口温度 [℃]

c_w：被冷却流体の比熱（一定）[kJ/(kg・K)]

被冷却流体の温度は、冷凍能力や質量流量に依存して、蒸発器入口の t_{w1} から出口の t_{w2} まで下がります。

■ 蒸発器における温度分布

蒸発器では、被冷却流体と冷媒は、伝熱管を隔てお互いに対向して流れ、熱交換します。蒸発器内の被冷却流体および冷媒の流れに沿う温度分布は、図7.5.1のように表されます。被冷却流体の温度は入口の t_{w1} から出口の t_{w2} まで低下します。一方、冷媒については、蒸発域（湿り蒸気域）では蒸発温度 t_o（= t_{r1}）で一定、さらに、蒸発器出口の過熱蒸気状態にある冷媒蒸気の温度 t_{r2} のように厳密には変化します。しかし、一般に、過熱蒸気域での温度変化を無視し、

凝縮器内の冷媒温度は、蒸発温度 t_o で一定として取り扱うことができます。被冷却流体と冷媒の温度差は、$\Delta t_1 = t_{w1} - t_o$ から $\Delta t_2 = t_{w2} - t_o$ まで減少します。よって、被冷却流体と冷媒との間の伝熱量の計算には、平均温度差 Δt_m として、厳密には対数平均温度差を使用すべきです。しかしながら、実用的な伝熱計算では、簡便さのため、平均温度差として凝縮器の場合と同様に、次式の算術平均温度差が近似的に用いられます。

$$\Delta t_m = \frac{\Delta t_1 + \Delta t_2}{2} \qquad 式(7.5.2)$$

ただし、

$\Delta t_1 = t_{w1} - t_o$：被冷却流体入口温度 − 蒸発温度 [K]
$\Delta t_2 = t_{w2} - t_o$：被冷却流体出口温度 − 蒸発温度 [K]

被冷却流体が空気である冷蔵用の乾式蒸発器では、平均温度差は、蒸発温度の低下による圧縮機駆動軸動力の増大を抑えるために、通常5〜10 K程度に設定されます。一方、空調用の場合には、冷蔵用と比べて圧縮機入口・出口の圧力比が小さく、圧縮機駆動軸動力への影響も小さいので、算術平均温度差は、通常10〜15 K程度に設定されています。

■図 7.5.1　蒸発器における温度分布■

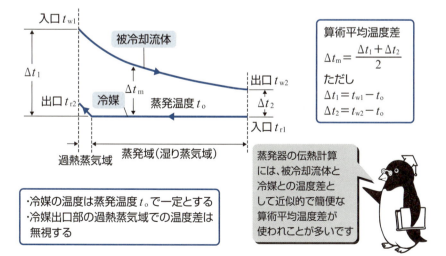

7-5 蒸発器における伝熱

蒸発器における伝熱の基礎式

　乾式蒸発器において、被冷却流体から冷媒への伝熱量は、冷凍能力Φ_oに等しく、熱通過の基礎式、式(3.4.1)の温度差ΔTに、式(7.5.2)の算術平均温度差Δt_mを用いて、近似的に次式より求められます。

$$\Phi_o = K \Delta t_m A \qquad 式(7.5.3)$$

ただし、
Φ_o：冷凍能力（伝熱量）[kW]
K：熱通過率 [kW/(m²·K)]
Δt_m：算術平均温度差、式(7.5.2) [K]
A：伝熱面積（後述の外表面伝熱面積A_w、A_aに相当）[m²]

　上式は、冷凍能力、算術平均温度差および伝熱面積から熱通過率Kを、また、冷凍能力、熱通過率および算術平均温度差から伝熱面積Aを求めるときにも使用できる基礎式となっています。

　乾式シェルアンドチューブ蒸発器では、伝熱管として、冷媒の流れる内面にフィンの付いた**インナーフィンチューブ**が多く用いられます。その熱通過率は、被冷却流体側の伝熱管外表面積を基準にして、近似的に次式で与えられます。ただし、伝熱管の熱伝導抵抗は小さいので無視され、有効内外伝熱面積比、被冷却流体側の汚れ係数が加味されています。

$$\frac{1}{K} = \frac{1}{m\alpha_r} + \frac{1}{\alpha_w} + f \qquad 式(7.5.4)$$

ただし、
K：被冷却流体側外表面基準の熱通過率 [kW/(m²·K)]
α_r：冷媒側（内面）の熱伝達率 [kW/(m²·K)]
α_w：被冷却流体側の熱伝達率 [kW/(m²·K)]
m：有効内外伝熱面積比（$=A_r/A_w$）[－]
A_w：被冷却流体側の伝熱面積 [m²]
A_r：冷媒側（内面）の有効伝熱面積 [m²]
f：汚れ係数 [m²·K/kW]

7-5 蒸発器における伝熱

　乾式プレートフィンコイル蒸発器の熱通過率は、フィンの付いた伝熱管外表面の空気側の伝熱面積を基準にして、付着する霜の熱伝導抵抗を考慮した次式により近似的に与えられます。ここでは、伝熱管の熱伝導抵抗は小さいので、凝縮器と同様、無視しています。

$$\frac{1}{K} = \frac{1}{\alpha_a} + \frac{\delta_f}{\lambda_f} + \frac{m}{\alpha_r} \qquad 式(7.5.5)$$

ただし、
　K：空気側フィン付外表面基準の熱通過率 [kW/(m²·K)]
　α_a：空気側の熱伝達率 [kW/(m²·K)]
　α_r：冷媒側(内面)の熱伝達率 [kW/(m²·K)]
　m：有効内外伝熱面積比 ($= A_a/A_r$) [－]
　A_a：空気側の有効伝熱面積 [m²]
　A_r：冷媒側(内面)の伝熱面積 [m²]
　δ_f：霜の厚さ [m]
　λ_f：霜の熱伝導率 [kW/(m·K)]

7-6 蒸発器の伝熱計算をしてみよう

乾式プレートフィンコイル蒸発器を対象として、その伝熱に関する計算問題を解いてみよう。この蒸発器では、冷媒液は伝熱管の管内を通り蒸発しながら、伝熱管の管外(フィン付き)を流れる空気を冷却します。

■ 問題

乾式プレートフィンコイル蒸発器について、必要とする伝熱管の長さを試算したい。蒸発器の仕様および運転条件は次のとおりとする。

冷凍能力	Φ_o=6.0 kW
冷媒と空気の平均温度差	ΔT=8 K
空気側(管外)熱伝達率	α_a=0.045 kW/(m²・K)
冷媒側(管内)熱伝達率	α_r=2.0 kW/(m²・K)
有効内外伝熱面積比	$m=A_a/A_r$=7.5
伝熱管の内径	D_i=18 mm
空気側(管外)表面に厚さ	δ_f=1 mmの着霜
霜の熱伝導率	λ_f=0.00014 kW/(m・K)

これについて、以下の問いに答えよ。ただし、フィンコイル材の熱伝導抵抗は無視できるものとする。また、伝熱管内外表面の汚れ係数はゼロとする。

(1) 蒸発器の空気側外表面積 A_a を基準とする熱通過率 K はいくらか。
(2) 蒸発器に必要な空気側伝熱面積 A_a はいくらか。
(3) 蒸発器に必要な冷媒側伝熱面積 A_r はいくらか。
(4) 蒸発器に必要な伝熱管の長さ L はいくらか。

■ 解答例

(1) 蒸発器の空気側外表面積基準の熱通過率

蒸発器の空気側外表面積基準の熱通過率 K は、伝熱管の汚れ係数 f および

7-6 蒸発器の伝熱計算をしてみよう

フィンコイル材の熱伝導抵抗 δ/λ を無視し、外表面に付着した霜の熱伝導抵抗 δ_f/λ_f を考慮し、次式のように求められる。

$$\frac{1}{K} = \frac{1}{\alpha_a} + \frac{\delta_f}{\lambda_f} + m\left(\frac{\delta}{\lambda} + \frac{1}{\alpha_r} + f\right) = \frac{1}{\alpha_a} + \frac{\delta_f}{\lambda_f} + m\left(\frac{1}{\alpha_r}\right) = \frac{1}{0.045} + \frac{1\times10^{-3}}{0.00014} + 7.5\times\left(\frac{1}{2.0}\right)$$

$$= 22.22 + 7.14 + 3.75 = 33.11\ \mathrm{m^2 \cdot K/kW}$$

これより、

$$K = \frac{1}{33.11} = 0.0302\ \mathrm{kW/(m^2 \cdot K)}$$

(2) 蒸発器に必要な空気側伝熱面積

蒸発器に必要な空気側伝熱面積 A_a は、

$$\Phi_o = K\Delta t_m A_a$$

より、

$$A_a = \frac{\Phi_o}{K\Delta t_m} = \frac{6.0}{0.0302\times 8} = 24.8\ \mathrm{m^2}$$

(3) 蒸発器に必要な冷媒側伝熱面積

蒸発器に必要な冷媒側伝熱面積 A_r は、内外有効伝熱面積比 $m = A_a/A_r$ から、

$$A_r = \frac{A_a}{m} = \frac{24.8}{7.5} = 3.31\ \mathrm{m^2}$$

(4) 蒸発器に必要な伝熱管の長さ

蒸発器に必要な伝熱管の長さ L は、必要とされる冷媒側伝熱面積 A_r と伝熱管の内径 D_i より次のように求められる。

$$L = \frac{A_r}{\pi D_i} = \frac{3.31}{\pi \times 18 \times 10^{-3}} = 58.5\ \mathrm{m}$$

これより、伝熱管の全長として58.5 mを採用すれば、問題の蒸発器は冷凍能力6.0 kWを実現できることがわかる。もし、蒸発器の冷媒回路数nが4であるとすれば、必要とされる1回路あたりの伝熱管の長さは58.6/4=14.6 mとなる。

7-7 附属機器──冷凍サイクルをサポート

冷凍装置では、圧縮機、凝縮器、蒸発器の他に、冷凍サイクルを支えるための重要なはたらきをする附属機器が使われます。ここでは、冷凍サイクルをサポートする代表的な附属機器について調べます。

受液器

図7.7.1のように、**受液器**（レシーバ）は、凝縮器出口と膨張弁の間に取り付けられ、凝縮器で凝縮した冷媒液を一時的にためるはたらきをします。横形および立形の円筒状の圧力容器です。受液器は、冷凍装置の運転状態に変動があっても、凝縮した冷媒液の凝縮器内での滞留を防いだり、蒸発器内の冷媒循環量の変化を調節する役割をします。凝縮器から受液器へ冷媒液が流れやすくなるように、両者の間には**均圧管**が設けられます。

7-4節で述べた冷媒液強制循環式蒸発器を用いる冷凍装置においては、凝縮と膨張弁の間の高圧側に用いられる受液器を**高圧受液器**、膨張弁と蒸発器の間の低圧側で使われる受液器を**低圧受液器**とよび、区別することがあります。

■図 7.7.1 受液器および油分離器■

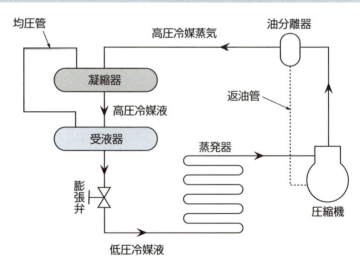

油分離器

　図7.7.1に示すように、**油分離器**（オイルセパレータ）は圧縮機と凝縮器の間の圧縮機吐出し管に取り付けます。冷媒蒸気は、圧縮機のごく少量の潤滑油と一緒に、圧縮機から吐き出されます。これが積もり積もると、圧縮機の潤滑油が不足し、潤滑不良を起こします。また、潤滑油が冷媒蒸気と一緒に凝縮器や蒸発器に送られると、そこでの伝熱を妨げます。これらの悪影響を防ぐために、大形低温用フルオロカーボン冷凍装置やアンモニア冷凍装置では、油分離器を圧縮機吐出し管に設置します。油分離器で分離した油は**返油管**を通して圧縮機や油だめに戻されます。

　油を分離する方式には遠心分離式、衝突分離式、金属繊維式などがあります。図7.7.2は、衝突分離式の油分離器です。圧縮機から冷媒蒸気とともに入った油はじゃま板に衝突、分離して底部に溜まります。フルオロカーボン冷凍装置の場合、分離された油は圧縮機のクランクケースに戻されます。なお、小形フルオロカーボン冷凍装置では油分離器を設置しないことも多くあります。

■図 7.7.2　油分離器■

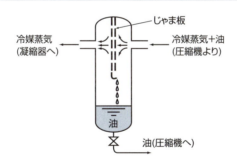

液分離器

　液分離器（アキュムレータ）は、蒸発器と圧縮機の間の吸込み蒸気管に設置されます。液分離器は、文字通り、圧縮機の吸込み蒸気中の冷媒液を分離して、冷媒蒸気だけを圧縮機に送ります。これにより、圧縮機の液圧縮を防ぎ、圧縮機を保護します。液分離器は円筒状の容器で、これを通過する冷媒蒸気の速度を1 m/s以下に下げ、冷媒液は底部に溜まります。図7.7.3に、小形フルオロカーボン冷凍装置に用いられる小容量の液分離器を示します。分離された冷媒液（油も含む）は底部に溜まります。

■図 7.7.3　液分離器■

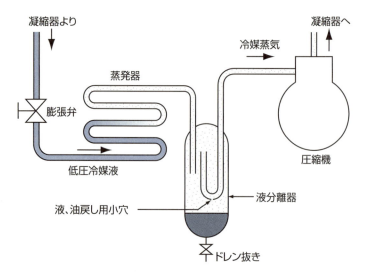

その他の附属機器

　フルオロカーボン冷凍装置では、その他の附属機器として、**液ガス熱交換器**、**乾燥器**（ドライヤ）、**リキッドフィルタ**などが使われます。

　液ガス熱交換器：凝縮器を出た冷媒液を過冷却し、圧縮機に戻る冷媒蒸気を適度に過熱させるため、凝縮器出口の比較的温度の高い冷媒液と圧縮機入口の低温の冷媒蒸気との間で熱交換させるものです。

　乾燥器：受液器から膨張弁に向かう高圧側冷媒液配管または低圧側の圧縮機吸込み管に取り付け、冷凍装置内を循環する冷媒に混入した水分を除去するために使われます。水分を吸着する乾燥器内の乾燥剤には、シリカゲルやゼオライトが用いられます。

　リキッドフィルタ：冷媒中に混入したごみや金属粉などの異物は、膨張弁の詰まり、圧縮機の軸受、シリンダ、シール部の損傷、圧縮機吸込み弁や吐出し弁の誤作動の原因となります。冷媒中の異物やごみを取り除くため、リキッドフィルタが凝縮器と膨張弁の間の冷媒液管に設置されます。

7-8 自動制御機器—変化に対応

自動膨張弁、圧力調整弁、冷却水調整弁など、冷凍サイクルをコントロールする主な自動制御機器の役割について理解しましょう。

自動膨張弁

自動膨張弁は、熱負荷の変動に対応して、冷媒循環量を自動的に調節する膨張弁です。自動膨張弁には、温度自動膨張弁と定圧自動膨張弁があります。

温度自動膨張弁は、一般に乾式蒸発器を用いる冷凍装置に使います。蒸発器出口の過熱度が3～8Kにほぼ一定になるように、蒸発器に流入する冷媒循環量を調整するため、蒸発圧力および蒸発器出口の冷媒蒸気の過熱度を検知しています。冷媒の過熱度が小さくなると、冷媒循環量を減少させます。蒸発器出口の冷媒蒸気の温度は蒸発器出口配管の外壁に取り付けた**感温筒**によって伝えられます（図7.8.1）。通常、感温筒の中には冷凍装置と同じ冷媒が封入されています。感温筒は、蒸発器出口冷媒配管の外壁にしっかりと固定し、断熱材で包み込み外気の温度の影響を防ぐようにします（図7.8.2）。ところで、蒸発圧力が、蒸発器入口に等しい膨張弁出口から直接伝えられるものを**内部均圧形温度自動膨張弁**、また蒸発器出口の外部均圧管を通して伝えられるものを**外部均圧形温度自動膨張弁**とよんでいます。

■図7.8.1 自動制御機器の取付け位置■

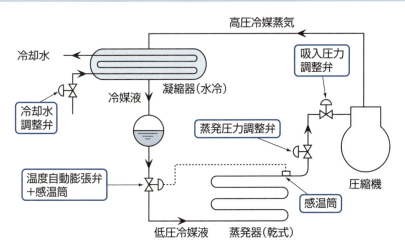

■図 7.8.2　感温筒の取付け方■

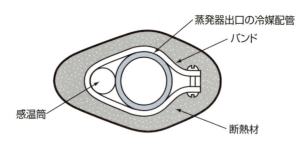

定圧自動膨張弁は、蒸発圧力がほぼ一定になるように、冷媒循環量を調節します。蒸発圧力が設定値よりも高くなると閉じ、低くなると開き、蒸発圧力をほぼ一定に保ちます。定圧自動膨張弁は、蒸発器出口の冷媒の過熱度を制御できないので、熱負荷の変動の小さい小形の冷凍装置に使われます。

家庭用冷蔵庫などの小容量の冷凍装置では、温度自動膨張弁の代わりに、口径0.6～2mmで銅製の**キャピラリチューブ**（毛細管）が使われます。キャピラリチューブは、口径と長さを決めると、冷媒液の圧力と過冷却度によって冷媒流量が定まってしまうので、蒸発器出口の冷媒蒸気の過熱度をコントロールすることはできません。

圧力調整弁と冷却水調整弁

圧力調整弁は、冷凍装置の中で、低圧側の蒸発圧力、圧縮機の吸込み圧力、高圧側の凝縮圧力などを適正な範囲に保つための調整弁です。**蒸発圧力調整弁**は、蒸発器の出口配管に取り付けて、蒸発器内の冷媒の蒸発圧力が所定の圧力以下に低下するのを防ぐために用いられます。**吸入圧力調整弁**は、圧縮機の吸込み口付近に取り付け、吸込み圧力が設定圧力より高くならないように、設定圧力より高くなると弁を絞り過負荷状態を回避します。高圧側に取り付けられる**凝縮圧力調整弁**は、凝縮圧力を調整するためのもので、空冷凝縮器を設置する冷凍装置に用いられます。

冷却水調整弁（制水弁または節水弁ともいう）は、凝縮器の冷却水入口配管に取り付けられ、凝縮器内上部の圧力を検知し、水冷凝縮器の負荷が変動したときに凝縮圧力が一定の値になるように、冷却水量を調節します。

7-9 安全装置—異常事態から装置を守る

　安全装置は、圧力の急激な上昇などの異常事態から冷凍装置を守り、冷凍装置の設置されている環境を守ります。代表的な安全装置について学びましょう。

■ 安全弁

　冷凍能力が20冷凍トン以上の圧縮機には、圧力の異常な上昇が起こったとき許容圧力以下に戻すことができるように、**安全弁**を取り付けねばなりません。そのとき安全弁の口径は、圧縮機吐出しガスのすべてを瞬時に噴出できるように、ピストン押しのけ量の平方根に比例する関係式を用いて定められます。また、安全弁は、内容積が500リットル以上の容器にも取り付けられます。そのとき安全弁の口径は、容器の外径と長さの積の平方根に比例するように決められます。図7.9.1に安全弁等の安全装置の取り付け位置を示します。

■ 溶栓

　溶栓（図7.9.2）は、内容積が500リットル未満の容器、フルオロカーボン冷媒シェルアンドチューブ凝縮器、受液器などに取り付けます。プラグの中に低い温度で溶融する金属（可溶合金）が詰め込まれ、凝縮器などの容器中の冷媒温度を直接感知して作動（溶融：75℃以下）し、圧力の異常な上昇を防ぎます。溶栓が作動すると、冷媒は大気圧になるまで噴出します。よって、可燃性ガスまたは毒性ガスを冷媒とする冷凍装置に溶栓を使用してはいけません。

■ 高圧圧力スイッチおよび低圧圧力スイッチ

　高圧圧力スイッチ（HP）および低圧圧力スイッチ（LP）の取り付け位置を図7.9.1に示します。**高圧圧力スイッチ**は、**高圧遮断装置**ともいい、圧縮機の吐出しガス圧力を検知し、それが設定圧力以上になったとき、圧縮機を停止させる安全スイッチです。一方、**低圧圧力スイッチ**は、圧縮機の吸込みガス圧力を検知し、それが異常に低下し、設定圧力以下になったとき、圧縮機を停止させる安全スイッチです。

破裂板

破裂板（図7.9.3）は直接圧力を感知して作動（破裂）します。作動圧力が高い場合には使われません。比較的圧力の低いターボ冷凍機や吸収冷凍機に使用し、溶栓と同様に冷媒ガスが大気圧になるまで噴出します。したがって、可燃性ガスまたは毒性ガスを冷媒として用いる冷凍装置には使用できません。

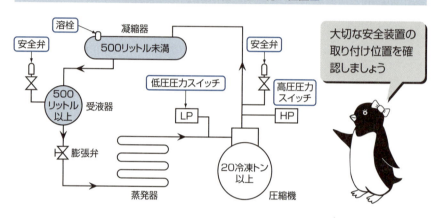

■図7.9.1　安全装置の取り付け位置■

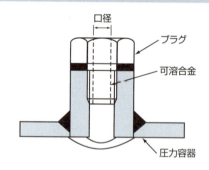

■図7.9.2　溶栓■

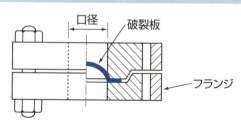

■図7.9.3　破裂板■

7-10 冷凍装置に関するあれこれ

　ここでは、冷凍装置に関するあれこれとして、冷媒漏れの検知方法および冷媒配管での注意事項について調べてみましょう。

■ 冷媒漏れを検知する4つの方法

　冷凍装置は、冷凍サイクル内を循環する冷媒の凝縮と蒸発によってその役目を果たしますが、何らかの理由により、冷凍装置に充てんした冷媒が漏れると正常な運転はできなくなります。冷媒の漏れを検知するには以下の方法が用いられています。

(1) **電気的方法**：加熱した白金線にフルオロカーボン冷媒が触れると、その電気抵抗が変化することを利用し、メータやブザーで知らせる。ごく微小な漏れでも検知できる。

(2) **硫黄燃焼試験**：アンモニア冷媒の漏れ検知をするために使われる。硫黄の炎にアンモニアが触れると白い煙になることを利用する。

(3) **ハライドトーチ試験**：アルコールを燃やしたトーチ火炎部にフルオロカーボン冷媒が触れると、橙色の炎が緑色さらに青色に変わることを利用する。0.01％までの微小な漏れも検知できる。

(4) **石鹸水による方法**：最も簡易的な漏れ検知の方法。漏れの可能性のある箇所に石鹸水を塗り、漏れた冷媒ガスにより泡ができることを利用する。石鹸水の代わりに泡立ちやすい薬品が使われることがある。

■ 冷媒配管についての注意事項

　冷媒の通り道である配管には、高圧部分と低圧部分があります。それぞれの冷媒配管に必要とされる特別な注意事項は次のとおりです。

(1) **高圧側配管**：凝縮器が圧縮機より高い位置にあるとき、図7.10.1に示すように圧縮機からの吐出し管には立ち上がりを設けて下がり勾配をつけ、圧縮機の停止中に凝縮した冷媒液の逆流を防ぐ。

(2) **低圧側配管**：図7.10.2に示すように、圧縮機の下方にある蒸発器から圧縮機への吸込み管の立ち上がりが非常に長いときには、約10m以下ごとに中間トラップを設けて、冷凍機油が圧縮機に戻りやすくする。

■図 7.10.1　圧縮機吐出し管の立ち上がりと下り勾配■

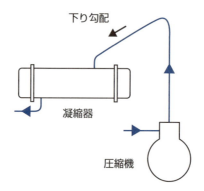

■図 7.10.2　圧縮機吸込み管の長い立ち上がりと中間トラップ■

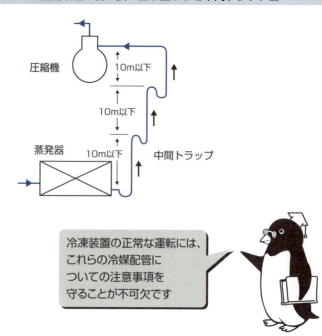

冷凍装置の正常な運転には、これらの冷媒配管についての注意事項を守ることが不可欠です

章末クイズ

凝縮器、蒸発器、付属機器、自動制御機器、安全装置などに関する次の記述のうち、正しいものに○、正しくないものに×を（　）内につけなさい。計算して答える問題も含みます。20問中12問正解すれば合格です。　　　　　　　　　　　　　　　　（解答はP.268）

(1) 冷媒蒸気を凝縮させて冷媒液にするために要する凝縮器での伝熱量を凝縮負荷とよぶ。理論冷凍サイクルにおける冷凍能力が8 kW、理論圧縮動力が3 kWであるとき、凝縮負荷は5 kWである。　　　　　　　　　　　　　　　　　　（　）

(2) 水冷凝縮器では、伝熱管（冷却管ともいう）内の冷却水の流速が大きいほど熱通過率が大きくなる。しかし、伝熱管内面の腐食や冷却水ポンプの所要動力を考慮して、伝熱管内の冷却水の流速は、一般に、1〜3 m/sになるように設計される。　　　　　　　　　　　　　　　　　　　　　　　　　　　　　　　　　　　（　）

(3) 横形シェルアンドチューブ水冷凝縮器では、冷媒が伝熱管内を流れ、冷却水が伝熱管外を流れるように設計されている。　　　　　　　　　　　　　　（　）

(4) フルオロカーボン冷凍装置に多用される空冷凝縮器では、空気と伝熱管外面との間の熱伝達率が冷媒と伝熱管内面との間の熱伝達率と比べて小さいので、伝熱管外面にフィンを付けて伝熱面積を拡大し、伝熱促進を図っている。　　（　）

(5) 蒸発式凝縮器は、冷却水を冷却コイルの上部から散布し、散水の蒸発潜熱によって冷却コイルの中を流れる冷媒蒸気から熱を奪う仕組みになっている。　（　）

(6) 蒸発器は、冷媒液の供給方法によって、乾式、満液式および冷媒液強制循環式に大別される。　　　　　　　　　　　　　　　　　　　　　　　　　　（　）

(7) 被冷却流体を冷やすための熱交換器である蒸発器は、空気冷却器、水冷却器、ブライン冷却器とよばれるものとは異なる構造と機能をもっている。　　（　）

(8) プレートフィンコイルを用いた乾式蒸発器は、水やブラインなどの液体を冷却するために使用される。　　　　　　　　　　　　　　　　　　　　　（　）

(9) 満液式シェルアンドチューブ蒸発器では、伝熱管群の外側を冷媒液が流れ、伝熱管内の内側を流れる水やブラインを冷却する。このタイプの蒸発器では、冷媒液がいつもシェル内に留まり、冷媒とともに入る冷凍機油が圧縮機に戻りにくくなるので、油戻し装置が必要になる。　　　　　　　　　　　　　　　　（　）

(10) 冷媒液強制循環式蒸発器は、複数の離れた場所の蒸発器に冷媒液を送ることができるという利点をもつ。このタイプの蒸発器は低圧受液器や冷媒液ポンプを必要とするので、小形の冷凍装置では使われない。　　　　　　　　　　　（　）

(11) 受液器は凝縮器と膨張弁の間の冷媒配管に取り付けられる。凝縮器から受液器へ冷媒液が流れやすくなるように、両者の間には感温筒が取り付けられる。（　）

(12) 油分離器は、通常、蒸発器と圧縮機の間の蒸気吸込み管に取り付けられ、分離された油は返油管を通して圧縮機や油だめに戻される。　　　　　　　　（　）

(13) 蒸発器と圧縮機の間の吸込み蒸気管に取り付けられる液分離器は、圧縮機吸込み蒸気中の冷媒液を分離して冷媒蒸気だけを圧縮機に送り込み、圧縮機の液圧縮を防ぎ圧縮機を保護する。（　）

(14) 温度自動膨張弁には内部均圧形と外部均圧形がある。蒸発圧力が蒸発器出口の外部均圧管を通して伝えらえるものが外部均圧形温度自動膨張弁である。（　）

(15) 温度自動膨張弁は、蒸発圧力を検知しながら、蒸発器出口付近の配管外壁にとる付けた感温筒と連動し、蒸発器出口の冷媒蒸気の過熱度を適切な値に保つように、蒸発器に入る冷媒循環量を制御する。（　）

(16) 定圧自動膨張弁は、蒸発器出口付近の配管に取り付けられ、蒸発器出口の冷媒蒸気の過熱度を制御する。（　）

(17) 小形で小容量の冷凍装置では温度自動膨張弁の代わりにキャピラリチューブが使われる。キャピラリチューブの主な役割は、蒸発器出口の冷媒蒸気の過熱度をコントロールすることである。（　）

(18) 高圧圧力スイッチは、圧縮機の吐出しガス圧力を検知し、その圧力が設定圧力値以上になると作動し、圧縮機を停止する。（　）

(19) 溶栓は、圧縮機出口付近の配管に取り付けられ、圧縮機出口温度を直接感知して作動し、圧力の異常な上昇を防ぐ。（　）

(20) 破裂板と容栓は、アンモニアのような毒性および可燃性の冷媒を用いる冷凍装置に使用される安全装置である。（　）

第8章

空気調和の基本を知る

冷凍と空調は密接な関係にあります。家庭や職場の室内空間、電車やバスの車内空間を快適な空間にするための空気調和装置は、冷凍装置を中心にして成り立っています。第8章では、空気調和とは何か、空調システムの構成、湿り空気の性質を主なテーマにして、空気調和の基本事項を取り扱います。

8-1 空気調和とは何だろう

空気調和とは何でしょうか。ここでは、空気調和の定義と分類について紹介します。

空気調和とは何だろう

　空気調和（Air conditioning）とは、「空気の温度、湿度、気流、清浄度を、空気調和しようとする特定の空間の要求に合うように同時に処理するプロセスである」と定義されています（巻末参考文献（20）、図8.1.1）。制御・調節すべき4つの要素は、空気の温度、湿度、気流、清浄度です。最近では、この4つの要素のほかに、クリーンルームや病院のように、空気の圧力なども制御対象とされるようになってきています。

　住宅、事務所、店舗など、私たちが生活し仕事をする室内空間を快適な状態に維持するため、冷房（冷却）または暖房（加熱）による温度制御、除湿または加湿による湿度制御が必要とされます。人を対象とする快適な空間を維持するためには、空気の温度および湿度の制御がその第一歩となります。とくに、温度制御に関連して、暖房するための手段には燃料、電気、ヒートポンプなどいろいろとありますが、冷房するための手段には、冷凍装置が唯一のものです。

　気流の速度も問題になります。室内空気の速度が大きすぎると、私たちは不快を感じます。そのため、気流の速さや向きをコントロールすることが必要になります。

■図 8.1.1　空気調和とは■

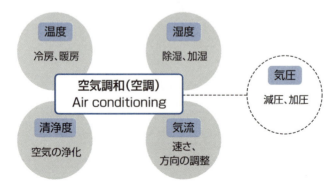

空気の質を制御する、空気の清浄度の調節も大切です。空気中に含まれる塵（ちり）、有害ガス、細菌、臭気などの濃度を、居住空間や生産空間の目的に応じて適切に制御・調節します。そのために、換気、除塵、除菌、脱臭などが行われます。

空気調和の分類

空調の対象とする空間は、特定の閉じられた空間です。空調は、その目的に応じて以下のように分類されています。

(1) **快適空調**：私たちの生活において、快適性、活動性、保健を目的として行う空調です。住宅、事務所ビル、商店、学校などの建物を対象とする一般的な空調です。

(2) **作業空調**：屋内で労働やスポーツを行っている人々の作業環境の改善、作業能率の向上および安全・健康の確保を目的とする空調です。

(3) **産業プロセス空調**：工場における製品の製造工程、原料および製品の貯蔵・輸送など、一般的な産業プロセスの合理的な生産管理に必要とされる空調です。製品の品質向上、生産量の増加、コスト低減などが空調する目的となります。

空調負荷のいろいろ

空調システムを設計しようとするときに、第一に必要となるものが、**空調負荷**の計算です。空調負荷とは、空調しようとする空間に出入りする熱量、換気用に取り入れた外気を目標とする温度および湿度にするために空調設備で処理しなければならない熱量のことを指します。空調負荷は、一般に熱負荷とよばれることもあります。考慮すべき主な空調負荷は次のとおりです。

(1) 壁、天井、窓を通して出入りする熱量
(2) 日射や夜間放射による窓ガラスを通して出入りする放射熱
(3) 空調すべき空間にいる人から発生する熱と水分
(4) 照明や機器（コンピュータなど）から発生する熱
(5) 換気のために取り入れた外気やすきま風により出入りする熱や水分　など

　これらの空調負荷は時々刻々変化するので、代表的な1日の最大の空調負荷が設計条件として採用されています。

8-2 空調システムの基本構成

空調システムはどんな機器で構成されているのでしょうか。また、空調にはどのような方式があるのでしょうか。

空調システムの構成

図8.2.1に、**中央単一ダクト方式**とよばれるもっとも基本的な空調システムの基本構成を示します。空調システムは、大きく、**温熱源・冷熱源設備**、**空調機設備**、**熱搬送設備**、**自動制御設備**から構成されています。これらの各設備を構成している機器類は以下のとおりです。

(1) **熱源設備**：冷熱源として冷凍装置、温熱源としてボイラが使用されます。この他に、付属的に冷凍装置周りに冷水ポンプ、冷却塔、冷却水ポンプ、ボイラ周りに還水タンクおよび給水ポンプなどが必要です。

(2) **空調機設備**：温熱源・冷熱源を使用して空気の温度および湿度を調整する設備です。加湿器、加熱器、冷却減湿器などが主要な機器となります。空気を清浄するエアフィルター（空気ろ過器）、除菌・脱臭器もこれに含まれます。図8.2.1に示す空調システムでは、冷凍装置からの冷水を利用した冷却・除湿およびボイラからの蒸気による加熱・加湿によって、空気の温度および湿度が制御される仕組みになっています。

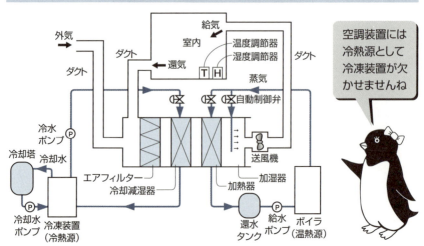

■図8.2.1　空調システムの基本構成■

(3) **熱搬送設備**：空気（冷気・暖気）を空調対象空間へ送り分配する設備です。送風機、ダクト、配管、室内機などがこれにあたります。

(4) **自動制御設備**：上述の空調設備全体を要求される空調条件に保持するための自動制御機器です。室内の温度および湿度を検知し制御する温度調節器（T）、湿度調節器（H）、これらと連動する自動制御弁などです。

建物の使用形態による空調方式のいろいろ

図8.2.2に示すように、空調システムを熱源設備と室内機の部分に分けて、建物の使用形態によって**空調方式**を分類すると、**中央方式**、**分散方式**、**個別方式**に分けられます。

中央方式は、熱源設備が一つで建物全体の空調を行います。保守管理が容易で、大ホールなどの広い空間の空調に適しています。熱源設備としてボイラと冷凍機が使われるときには建物の地下に、ヒートポンプ空調機が使われるときには建物の屋上にそれぞれ設置されます。

建物の各階ごとに熱源設備をもつ方式が分散方式です。高層ビルや中小ビルなどの事務所ビルでは、使用時間帯や発熱負荷が各階ごとに異なる場合がありますので、この分散方式による空調が便利です。個別方式は、部屋ごとに熱源設備と室内機を設け、空調負荷に対応します。ホテルなどの空調ではこの方式が採用されています。

■図 8.2.2　空調方式のいろいろ■

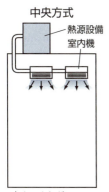
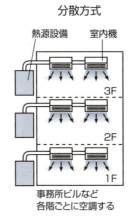
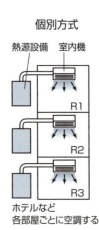

8-3 湿り空気 ― 水蒸気を含む空気

空気調和の対象は、私たちの周囲の特定の空間に存在する空気です。ここでは、水蒸気を含む空気、湿り空気のいろいろな性質についての知識を深めましょう。

湿り空気とは何だろう

　水分をまったく含まない乾いた空気は、表8.3.1に示すように、窒素、酸素、アルゴン、二酸化炭素などを成分とする混合気体です。通常、私たちの周囲に存在する空気は、必ずといってよいほど少量の水蒸気を含んでいます。図8.3.1のように、水蒸気を含んだ空気を**湿り空気**とよびます。一方、水蒸気をまったく含まない空気は**乾き空気**とよばれます。

　湿り空気中に含むことのできる水蒸気量は空気の温度によって決まる上限が存在します。ある温度で、それ以上の水蒸気が混合すると、一部は凝縮（液化）して露を結びます。湿り空気の性質を理解することは、温度と湿度をコントロールする空気調和にとって重要となります。

■表 8.3.1　乾き空気の成分比■

成分	体積%	成分	体積%
窒素	78.084	二酸化炭素	0.0314
酸素	20.948	その他	0.0026
アルゴン	0.9340	計	100

■図 8.3.1　湿り空気とは■

乾き空気(N_2、O_2、……)
＋
水蒸気(H_2O)

湿り空気

水蒸気を含む空気を湿り空気、水蒸気を含まない空気を乾き空気と呼ぶのですね

湿り空気は理想気体混合物

　大気圧近くの湿り空気は、近似的に、乾き空気と水蒸気の理想気体からなる混合物と考えることができます(図8.3.2)。したがって、大気圧 P[Pa]、温度 T[K]で、体積 V[m³]の空間を占める湿り空気、乾き空気、水蒸気には、それぞれ以下のように理想気体の状態式が適用できます。

　湿り空気に対する状態式：

$$PV = (m_a + m_w)RT \qquad 式(8.3.1)$$

ただし、
P：大気圧（全圧）[Pa]
T：温度（乾球温度）[K]
V：体積（空間の体積、湿り空気の体積）[m³]
$m_a + m_w$：湿り空気の質量 [kg]
m_a：乾き空気の質量 [kg]
m_w：水蒸気の質量 [kg]
R：湿り空気のガス定数 [J/(kg·K)]

　ここで、湿り空気のガス定数 R は次式より求められます。

$$R = \frac{m_a}{m_a + m_w}R_a + \frac{m_w}{m_a + m_w}R_w \qquad 式(8.3.2)$$

ただし、乾き空気のガス定数 R_a = 287.2 J/(kg·K)、水蒸気のガス定数 R_w = 461.6 J/(kg·K)です。

　乾き空気に対する状態式：

$$P_a V = m_a R_a T \qquad 式(8.3.3)$$

ただし、
P_a：乾き空気の分圧（乾き空気が単独で体積 V を占めるときの圧力に相当）[Pa]
T：温度（乾球温度）[K]

8-3 湿り空気—水蒸気を含む空気

V：体積（空間の体積）[m³]
m_a：湿り空気中の乾き空気の質量 [kg]
R_a：乾き空気のガス定数 287.2 J/(kg·K)

水蒸気に対する状態式：

$$P_w V = m_w R_w T \qquad 式(8.3.4)$$

ただし、
P_w：水蒸気の分圧（水蒸気が単独で体積Vを占めるときの圧力に相当）[Pa]
T：温度（乾球温度）[K]
V：体積（空間の体積）[m³]
m_w：湿り空気中の水蒸気の質量 [kg]
R_w：水蒸気のガス定数 461.6 J/(kg·K)

これらの理想気体の状態式の温度Tには、必ず、絶対温度[K]を使ってください。

ダルトンの分圧の法則より、**全圧**（湿り空気の圧力または大気圧）Pは、次式で表されるように、乾き空気の**分圧**P_aと水蒸気の**分圧**P_wとの和に等しくなっています。

$$P = P_a + P_w \qquad 式(8.3.5)$$

■図 8.3.2　湿り空気は理想気体混合物■

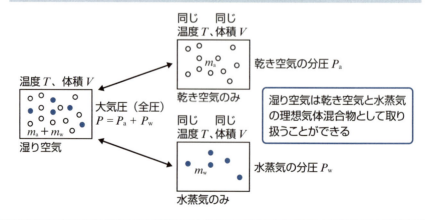

絶対湿度と相対湿度

絶対湿度 x は、乾き空気の質量に対する水蒸気の質量の比として、次のように定義されます。

$$x = \frac{m_\mathrm{w}}{m_\mathrm{a}} \qquad 式(8.3.6)$$

すなわち、絶対湿度は、乾き空気1kg(DA)あたりに含まれる水蒸気の質量 x[kg/kg(DA)]を表す値です。kg(DA)は乾き空気(Dry air)の質量であることを示します。絶対湿度は、式(8.3.3)および式(8.3.4)を用いると、次のように水蒸気の分圧と乾き空気の分圧から求めることができます。

$$x = \frac{m_\mathrm{w}}{m_\mathrm{a}} = \frac{\frac{P_\mathrm{w}V}{R_\mathrm{w}T}}{\frac{P_\mathrm{a}V}{R_\mathrm{a}T}} = \frac{R_\mathrm{a}P_\mathrm{w}}{R_\mathrm{w}P_\mathrm{a}} = \frac{287.2 P_\mathrm{w}}{461.6 P_\mathrm{a}} = 0.622 \frac{P_\mathrm{w}}{P_\mathrm{a}} \qquad 式(8.3.7)$$

さて、ある温度の乾き空気は、無制限に水蒸気を含むことはできません。水蒸気が乾き空気に混合していくと、水蒸気の分圧が上昇し、もうそれ以上水蒸気の状態ではいられない飽和状態になります。これは、図8.3.3に示すように、水蒸気の分圧 P_w がちょうど温度 t_1 における水の飽和蒸気圧 P_s1 に等しくなる状態です。この状態の空気を**飽和湿り空気**とよびます。水蒸気の分圧 P_w が水の飽和蒸気圧 P_s より小さい状態にある湿り空気は、**不飽和湿り空気**とよぶこと

■図8.3.3 水の飽和蒸気圧と飽和湿り空気■

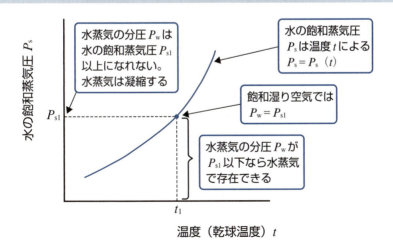

温度（乾球温度）t

もあります。温度 t_1 一定で、飽和状態以上に水蒸気が含まれても、水蒸気の分圧 P_w は水の飽和蒸気圧 P_{s1} を超えることはありませんので、超過分の水蒸気は凝縮して露を結びます。また、不飽和湿り空気でも、温度 t が下がると水の飽和蒸気圧 P_s が小さくなるので、飽和状態に達し、水蒸気は凝縮して露を結びます。温度が下がり不飽和湿り空気が露を結び始める温度は**露点温度**とよばれます。

温度 t における水の飽和蒸気圧 P_s に対する湿り空気中に水蒸気の分圧 P_w の比として、次式のように**相対湿度** ϕ が定義されています。

$$\phi = \frac{P_w}{P_s} \qquad 式(8.3.8)$$

よって、$P_w = P_s$ である飽和湿り空気の相対湿度は、$\phi = 1$、すなわち100%です。天気予報ではこの相対湿度がよく使われます。相対湿度は一般的に百分率（%）で示されます。このように、相対湿度は湿り空気中に水蒸気を含むことのできる限界状態（水の飽和蒸気圧）を基準にして、どの程度まで水蒸気を含んだ状態になっているのかを表しています。

乾球温度と湿球温度

温度計の感温部が乾いた状態で測定される温度は**乾球温度**とよばれ、t [℃] で表します。通常の気温または室温は、この乾球温度に相当しています。一方、温度計の感温部が湿った布によって包まれた状態で測定される温度を**湿球温度**とよび、t' [℃] で表します。不飽和湿り空気の温度測定においては、湿った布から水が蒸発するときに熱を奪うので、湿球温度 t' は乾球温度 t より低くなります。乾球温度と湿球温度を同時に測定する乾湿計によって、湿り空気の湿度を知ることができます。

絶対湿度 x と相対湿度 ϕ の関係

さて、絶対湿度と相対湿度は、式(8.3.7)に式(8.3.5)の関係を代入し、ついで、式(8.3.8)の関係を用いて、次のように表されます。

$$x = 0.622 \frac{P_w}{P - P_w} = 0.622 \frac{\phi P_s}{P - \phi P_s} \qquad 式(8.3.9)$$

この式は、相対湿度 ϕ から絶対湿度 x を求めるのに利用できます。一方、絶対湿度 x から相対湿度 ϕ を求めるには、式 (8.3.9) を変形し、次式のように表しておくと便利です。

$$\phi = \frac{xP}{P_s(0.622 + x)} \qquad 式(8.3.10)$$

相対湿度が100%の飽和湿り空気の絶対湿度 x_s は、式 (8.3.9) において $\phi = 1$ として、次式で表されます。

$$x_s = 0.622 \frac{P_s}{P - P_s} \qquad 式(8.3.11)$$

この飽和湿り空気の絶対湿度 x_s に対する不飽和湿り空気の絶対湿度 x の比を**比較湿度**(飽和度ともいう) ψ とよんでいます。式 (8.3.9) と式 (8.3.11) から、比較湿度は次式のように表されます。

$$\psi = \frac{x}{x_s} = \phi \frac{P - P_s}{P - \phi P_s} \qquad 式(8.3.12)$$

湿り空気の比体積と比エンタルピー

湿り空気の比体積および比エンタルピーは、湿り空気中の乾き空気の質量1kg (DA) を基準にして表されるという特徴があります。空調装置により、加熱・冷却、加湿・除湿の操作を行う多くの場合、乾き空気の質量は一定であっても含まれる水蒸気の質量は増減するので、乾き空気の質量を基準にすることが理にかなっているからです。DAはDry airを省略したものです。たとえば、湿り空気の比体積 v の単位は m³/kg (DA)、その比エンタルピー h の単位は kJ/kg (DA) と表されます。

8-3 湿り空気—水蒸気を含む空気

さて、**湿り空気の比体積**は、状態式、式(8.3.1)および式(8.3.2)、絶対湿度の定義、式(7.3.6)から、以下のように表されます。

$$v = \frac{V}{m_a} = \frac{(m_a + m_w)RT}{m_a P} = \frac{(R_a + xR_w)T}{P} = \frac{(287.2 + 461.6x)T}{P} \quad 式(8.3.13)$$

ただし、

v：湿り空気の比体積 [m³/kg(DA)]
T：温度（乾球温度）[K]（絶対温度であることに注意）
P：大気圧（全圧）[Pa]
x：絶対湿度 [kg/kg(DA)]

湿り空気の比エンタルピーは、乾き空気の比エンタルピーと水蒸気の比エンタルピーの和として求められます。0℃における乾き空気および飽和水の比エンタルピーをそれぞれゼロと定めると、湿り空気の比エンタルピーhは、次のように近似的に表されます。

$$h = c_{pa}t + x(r_0 + c_{pw}t) \quad 式(8.3.14)$$

ただし、

h：湿り空気の比エンタルピー [kJ/kg(DA)]
t：温度（乾球温度）[℃]
x：絶対湿度 [kg/kg(DA)]
c_{pa}：乾き空気の定圧比熱 1.006 kJ/(kg·K)
c_{pw}：水蒸気の定圧比熱 1.86 kJ/(kg·K)
r_0：0℃における水の蒸発熱 2501 kJ/(kg·K)

8-4 湿り空気線図の成り立ち

湿り空気の性質は、湿り空気線図に表されています。ここでは、湿り空気線図の成り立ちについて説明します。

■ 湿り空気線図の成り立ち

湿り空気線図を用いると、湿り空気の性質を調べたり、空気調和の対象となる湿り空気の冷房（冷却）、暖房（加熱）、除湿、加湿などの状態変化を理解することが容易になります。

湿り空気線図にはいろいろな種類がありますが、日本では、絶対湿度 x を縦軸に、比エンタルピー h を斜交軸に取った **hx 線図**が一般的に用いられています。この図には、図8.4.1のように、全圧 P 一定において、湿り空気のさまざまな性質が示されています。原点は、0℃の乾き空気の比エンタルピーおよび絶対湿度がゼロになるように定められています。湿り空気線図上では、相対湿度100％の飽和湿り空気線、その下の部分は不飽和湿り空気、その上の部分は霧入り空気の状態が示されています。不飽和湿り空気域には、等乾球温度線 t、等湿球温度線（破線）t'、等比体積線 v、等相対湿度線 ϕ などが示されています。

縦軸の絶対湿度に並行して顕熱比 SHF（Sensible heat factor）、図左上には熱水分比 u の目盛が示されています。これらは、湿り空気の状態変化の方向（角度）に平行な線を決めるためのもので、室内への吹出し空気の状態を決めるときなどに用いられます。

顕熱比 SHF は、湿り空気の状態を変化させるのに要する全熱量に対する顕熱の占める割合を表します。湿り空気が状態1 (t_1, h_1) から状態2 (t_2, h_2) まで変化するとき、顕熱を $q_{SH} = c_{pa}(t_2 - t_1)$、潜熱を $q_{LH} = r_0(x_2 - x_1)$、全熱量を $q_{TH} = h_2 - h_1$ とすると、顕熱比 SHF は次式で表されます。

$$SHF = \frac{q_{SH}}{q_{SH} + q_{LH}} = \frac{q_{SH}}{q_{TH}} = \frac{c_{pa}(t_2 - t_1)}{h_2 - h_1} \qquad 式(8.4.1)$$

顕熱 q_{SH} は絶対湿度一定のもとでの温度変化による熱量を、潜熱 q_{LH} は温度一定のもとでの絶対湿度変化による熱量をそれぞれ表します。

8-4 湿り空気線図の成り立ち

熱水分比 u[kJ/kg]は、湿り蒸気の2つの状態間の絶対湿度差 $dx = x_2 - x_1$ に対する比エンタルピー差 $dh = h_2 - h_1$ の割合のことをいい、次式で表されます。

$$u = \frac{dh}{dx} = \frac{h_2 - h_1}{x_2 - x_1} \tag{8.4.2}$$

湿り空気の代表的な状態変化は、湿り空気線図上でどのように表せるのでしょうか（図8.4.2）。たとえば、冷房（冷却）は4➡1、暖房（加熱）は4➡3、除湿は2➡3、加湿は3➡2、乾球温度一定で飽和湿り空気になる過程は4➡5、絶対湿度一定で飽和湿り空気になる過程は2➡5のように、それぞれの状態変化が表されます。

■図 8.4.1　湿り空気線図の成り立ち■

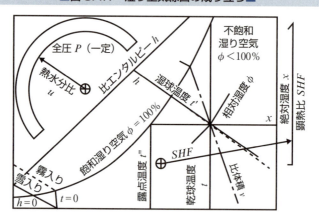

■図 8.4.2　湿り空気の状態変化■

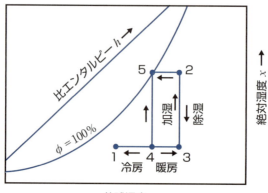

湿り空気線図を使ってみる

全圧101.325 kPaにおける湿り空気線図（hx線図、図8.4.3）を使って、乾球温度t＝20℃、相対湿度ϕ＝50%の状態にある湿り空気の（1）絶対湿度x（2）比体積v、（3）比エンタルピーh、（4）湿球温度t'、（5）露点温度t''を調べてみましょう。

与えられた湿り空気の状態は、乾球温度t＝20℃、相対湿度ϕ＝50%ですから、t＝20℃の等温線とϕ＝50%の等相対湿度線の交点から読み取ったそれぞれの値はおよそ次のようになります。

(1) 絶対湿度

t＝20℃の等温線とϕ＝50%の等相対湿度線の交点から右向きの水平線を引いて、縦軸の目盛から、およそx＝0.0072 kg/kg (DA) です。

(2) 比体積（比容積ともいう）

t＝20℃の等温線とϕ＝50%の等相対湿度線の交点が、ちょうど0.84 m³/kg (DA) の等比体積線と重なるので、およそv＝0.840 m³/kg (DA) となります。

(3) 比エンタルピー

t＝20℃の等温線とϕ＝50%の等相対湿度線の交点から40 kJ/kg (DA) の等比エンタルピー線に平行な直線を引いて、斜交軸の比エンタルピーの目盛から、およそh＝38.5 kJ/kg (DA) と読めます。

(4) 湿球温度

t＝20℃の等温線とϕ＝50%の等相対湿度線の交点から14℃の等湿球温度線（破線）と平行な直線と交差する飽和湿り空気線上の目盛を読んで、およそt'＝13.7℃となります。

(5) 露点温度

t＝20℃の等温線とϕ＝50%の等相対湿度線の交点から左向きに水平線と交差する飽和湿り空気線上の目盛を読んで、およそt''＝9.2℃です。

8-4 湿り空気線図の成り立ち

■図 8.4.3 湿り空気線図■ 巻末参考文献(20)

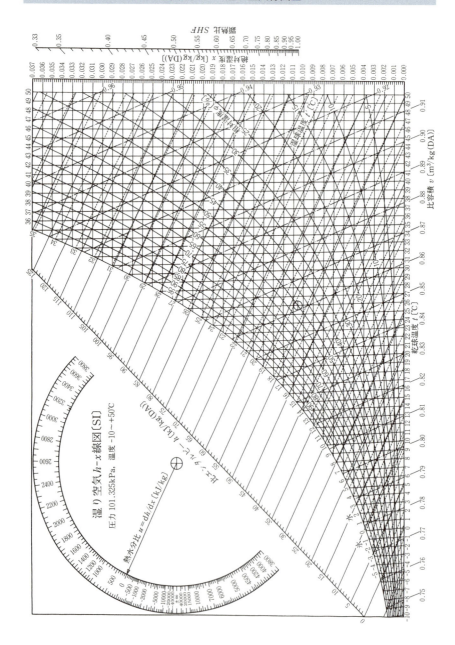

8-5 ヒートポンプ空調機のはたらき

夏の冷房に使用する冷凍機をヒートポンプとして切り替え、冬の暖房に使用するヒートポンプ空調機のはたらきについて学びましょう。

ヒートポンプ空調機の利点

　空気調和装置の冷房用の冷熱源には冷凍機を使用する以外にありませんが、暖房のための温熱源には、灯油、ガス、電気ヒータ、**ヒートポンプ**などを利用することができます。冷房に使用する冷凍機をヒートポンプに替えて暖房にも使用できるようにし、一つの装置で冷房と暖房を行えるという特徴をもつのが**ヒートポンプ空気調和機**（ヒートポンプ空調機）です。このヒートポンプ空調機を暖房に使用することにより、電気ヒータによる暖房、またはガスや灯油の燃焼による暖房よりもエネルギーの有効利用が実現でき、省エネルギーの観点から大きな利点をもっています。

冷房・暖房の切り替え

　ヒートポンプ空調機では、冷房のための冷凍サイクルと暖房のためのヒートポンプサイクルを切り替えて使用します。冷房運転時の冷凍サイクルと冷媒の流れは図8.5.1（a）のとおりで、室外熱交換器が凝縮器、室内熱交換器が蒸発器として使われ、室内熱交換器（蒸発器）で室内から吸熱し、室外熱交換器（凝縮器）で外気へ放熱します。室外熱交換器（凝縮器）での放熱量は室内熱交換器（蒸発器）での吸熱量と圧縮機での圧縮仕事の和となっています。

　次に、図8.5.2（b）に、暖房運転時のヒートポンプサイクルと冷媒の流れを示します。暖房用サイクルでは、室内熱交換器が放熱する凝縮器、室外熱交換器が吸熱する蒸発器となる必要があります。室内熱交換器（凝縮器）からの放熱が室内の暖房に使われますが、その放熱量は室外熱交換器（蒸発器）での外気からの吸熱と圧縮機での圧縮仕事の和となっています。

　このように、冷房運転と暖房運転では、両図に示したように冷媒の流れの方向が逆になるように切り替えられます。冷媒の流れの切り替えは、圧縮機入口・出口周りに取り付ける四方弁によって行われます。なお、外気温度が低下する

と室外熱交換器（蒸発器）での吸熱量（冷凍能力）が減少し、室内熱交換器（凝縮器）での暖房能力（凝縮負荷）は低下する傾向にあります。

　外気からの吸熱を暖房に利用するヒートポンプ空調機では、外気温度が下がり室外熱交換器（蒸発器）の表面温度が0℃以下になると、霜が着き始めます。着霜は伝熱性能を低下させるので、四方弁によって冷房運転状態に切り替えることによって、一時的に室外熱交換器に高温高圧の冷媒液を流して除霜が行われます。

■図8.5.1　ヒートポンプ空調機のはたらき■

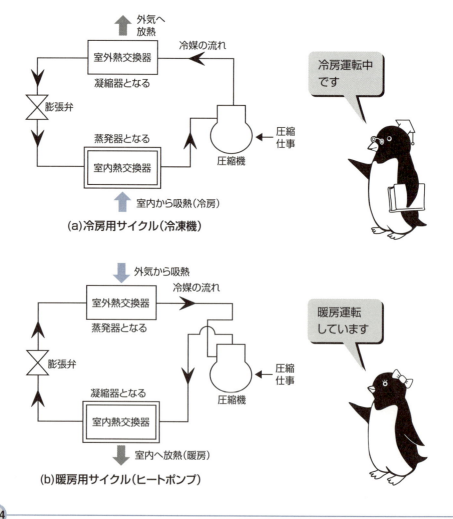

(a)冷房用サイクル（冷凍機）

(b)暖房用サイクル（ヒートポンプ）

8-6 冷房に関する計算問題を解く

空調機による室内冷房に関する計算問題を解くことに挑戦してみよう。湿り空気線図を利用することによって、冷房による室内空気の状態変化や熱の出入りを理解することが容易になります。

冷房に関する問題

図8.6.1のように、空調機による室内の冷房が行われている。①〜⑤は、空調システムの各部の位置を表している。各部の湿り空気の状態①〜⑤が湿り空気線図上にも表されている。

室内の冷房負荷は、顕熱負荷 q_{SH} が33.5 kW、潜熱負荷 q_{LH} が16.5 kWである。①の取入れ外気量 G_1 は0.500 kg(DA)/s、⑤の給気温度 t_5 は17.0℃である。

空調システムの各部の湿り空気の乾球温度と比エンタルピーは以下のとおりとし、空気の定圧比熱 c_{pa} は1.006 kJ/(kg(DA)・K)で一定とする。

取入れ外気①　　t_1=33.6℃　h_1=84.5 kJ/kg(DA)
還気②　　　　　t_2=27.0℃　h_2=55.7 kJ/kg(DA)
再熱器入口④　　t_4=13.8℃　h_4=36.8 kJ/kg(DA)

送風機動力による熱取得やダクトにおける熱損失は無視できるものとして、以下の(1)〜(5)を求めよ。

(1) 冷房負荷の顕熱比 SHF
(2) 給気量(吹出し風量) G_5
(3) 冷却器入口空気の比エンタルピー h_3
(4) 冷却器の冷却熱量 q_c
(5) 再熱器の加熱量 q_h

■図 8.6.1　空調機による冷房および湿り空気線図■

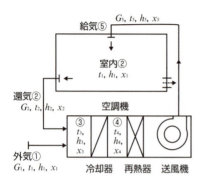
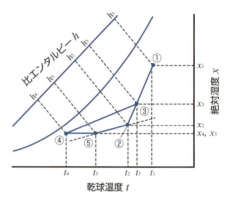

解答例

(1) 冷房負荷の顕熱比

冷房負荷の顕熱比 SHF は、室内の全熱負荷 $q_{SH}+q_{LH}$ に対する顕熱負荷 q_{SH} の比であるから、次式のように求められる。

$$SHF = \frac{q_{SH}}{q_{SH}+q_{LH}} = \frac{33.5}{33.5+16.5} = 0.67$$

(2) 給気量（吹出し風量）

冷房顕熱負荷 q_{SH}(kW) は給気⑤による冷房熱量 $G_5 c_{pa}(t_2-t_5)$ に等しいので、次の熱収支式が成り立つ。

$$q_{SH} = G_5 c_{pa}(t_2 - t_5)$$

これより、給気量（室内への吹出し風量）G_5 は、次式のように求められる。

$$G_5 = \frac{q_S}{c_{pa}(t_2-t_5)} = \frac{33.5}{1.006 \times (27.0-17.0)} = 3.33 \text{ kg(DA)/s}$$

(3) 冷却器入口空気の比エンタルピー

取入れ外気量 G_1 は 0.500 kg(DA)/s と与えられている。①の取入れ外気量 G_1 と②の還気量 G_2 の和が⑤の給気量 G_5 であるから、還気量 G_2 は

$$G_2 = G_5 - G_1 = 3.33 - 0.500 = 2.83 \text{ kg(DA)/s}$$

となる。

取入れ外気量G_1と還気量G_2とが混合して湿り空気量G_1+G_2が冷却器に入るので、冷却器入口における熱収支は次式で表される。

$$G_1 h_1 + G_2 h_2 = (G_1 + G_2) h_3$$

これより、冷却器入口空気③の比エンタルピーh_3は次式のとおり求められる。

$$h_3 = \frac{G_1 h_1 + G_2 h_2}{G_1 + G_2} = \frac{0.500 \times 84.5 + 2.83 \times 55.7}{0.500 + 2.83} = 60.0 \text{ kJ/kg(DA)}$$

(4) 冷却器の冷却熱量

冷却器で必要な冷却熱量q_c(kW)は、冷却器の通過風量(G_4とする)と冷却器入口③出口④の空気の比エンタルピー差$h_3 - h_4$の積に等しく、$G_4 = G_5$となるので、次式のように求められる。

$$q_c = G_4 (h_3 - h_4) = G_5 (h_3 - h_4) = 3.33 \times (60.0 - 36.8) = 77.3 \text{ kW}$$

(5) 再熱器の加熱量

再熱器で必要な加熱量q_h(kW)は、再熱器の通過風量(G_4とする)と再熱器出口⑤入口④の空気の比エンタルピー差$h_5 - h_4$の積に等しいという熱収支式から求めることができる。ただし、前問同様、$G_4 = G_5$とおくことができる。また、④→⑤の湿り空気線図上での状態変化からもわかるように、再熱器出口入口では湿り空気の絶対湿度は一定($x_4 = x_5$)であるので、再熱器出口入口での湿り空気の比エンタルピー差$h_5 - h_4$は、空気の定圧比熱c_{pa}と出口入口での乾球温度の差$t_5 - t_4$の積として表される。さらに、送風機動力による熱取得やダクトおける熱損失は無視できるので、再熱器出口の湿り空気の乾球温度は給気温度t_5に等しい。これらのことを考慮して、再熱器の加熱量q_hは、次式のように求められる。

$$q_h = G_4(h_5-h_4) = G_5(h_5-h_4) = G_5 c_{pa}(t_5-t_4)$$
$$= 3.33 \times 1.006 \times (17.0-13.8) = 10.7 \text{ kW}$$

　この冷房に関する問題の各部の温度および絶対湿度の変化に注目してみましょう。室内温度（＝還気温度）t_2＝27℃を実現するために、温度t_5＝17℃の給気（室内への吹出し）が行われています。この室内に吹き出される冷気は、温度t_1＝33.6℃の外気と温度t_2＝27.0℃の還気が混合した温度27.0～33.6℃の中間温度t_4（この問題では解いていない）の湿り空気を、冷却器で冷却（q_c＝77.3 kW）し、ついで再熱器で加熱（q_h＝10.7 kW）して作り出されています。冷却器では、湿り空気の冷却（$t_3 \rightarrow t_4$）と減湿（$x_3 \rightarrow x_4$）が行われ、その手段は冷凍装置です。冷却器での減湿は冷却器外表面での結露によって起こります。再熱器では、絶対湿度は一定（x_4＝x_5）のまま、湿り空気の加熱（$t_4 \rightarrow t_5$）が行われます。再熱器では、絶対湿度は一定ですが、相対湿度は減少します。再熱器での加熱手段は、蒸気、温水、または電気などです。

空調機による冷房も暖房も、これを適切に制御するためには湿り空気の性質をよく理解しておくことが必要です

Quiz 章末クイズ

空調、空調装置および湿り空気の性質に関する以下の記述のうち、正しいものに〇、正しくないものに×を（　）内につけなさい。簡単な計算を行って答える問題や湿り空気線図を使用して答える問題も含みます。15問中9問正解すれば合格です。（解答はP.268）

(1)　空調とは、空気調和の略称で、特定の空間の空気の温度、湿度、気流、清浄度を制御することである。特別に、気圧の制御が加わることもある。　　　　　　（　　）

(2)　単一ダクト方式の空調装置では、冷熱源として冷凍機、温熱源としてボイラが採用される。冷凍機からの冷水による冷却・除湿が行われ、ボイラからの蒸気による加熱・加湿が行われる。　　　　　　（　　）

(3)　湿り空気は、乾き空気と水蒸気の理想気体混合物として取り扱うことができる。したがって、ダルトンの分圧の法則が成り立つ。大気圧が101.0 kPa、乾き空気の分圧が99.5 kPaであるとき、水蒸気の分圧は1.5 kPaであると計算される。
　　　　　　（　　）

(4)　湿り空気の絶対湿度は、湿り空気全体の質量 m_a+m_w（kg）に対する水蒸気の質量 m_w（kg）の比の値として定義される。　　　　　　（　　）

(5)　ある部屋の湿り空気の乾球温度20℃、水蒸気分圧が1.5 kPaであることがわかっている。20℃における水の飽和蒸気圧を調べると2.3 kPaであった。このとき、この部屋の相対湿度は約65%である。　　　　　　（　　）

(6)　相対湿度が100%の湿り空気を飽和湿り空気という。飽和湿り空気に含まれる水蒸気量以上の水蒸気は結露する。　　　　　　（　　）

(7)　乾球温度 t と湿球温度 t' の差が大きいほど、それらを計測している湿り空気の湿度は高くなっていることが推測される。　　　　　　（　　）

(8)　室温25℃、大気圧101 kPaである部屋の湿り空気の相対湿度 ϕ が50%であった。水の飽和蒸気表から調べたら、25℃における水の飽和蒸気圧 P_s は3 kPaであることがわかった。この部屋の湿り空気の絶対湿度 x は0.0094 kg/kg(DA)と計算できた。　　　　　　（　　）

(9)　湿り空気の状態を変化させるのに要する全熱量 q_{TH} のうち、絶絶対湿度 x 一定のもとでの温度変化によるものを潜熱 q_{LH} とよび、温度一定のもとでの絶対湿度変化によるものを顕熱 q_{SH} とよぶ。　　　　　　（　　）

(10)　湿り空気線図上では、除湿することによる湿り空気の状態変化は、その絶対湿度 x が大きくなる方向に表される。　　　　　　（　　）

(11)　ある部屋で乾球温度 t が25℃、湿球温度 t' が21℃とそれぞれ測定された。これらの測定値をもとにして湿り空気線図で調べたところ、この部屋の相対湿度 ϕ は約70%であることがわかった。　　　　　　（　　）

(12) 乾球温度 t が 20℃、相対湿度 ϕ が 75% である部屋の空気が、顕熱のみによって絶対湿度 x 一定のまま冷却される場合の露点温度 t'' を、湿り空気線図で調べると、約 17℃であることがわかった。　　　　　　　　　　　　　　　　　　　（　）

(13) 乾球温度 t = 16℃、相対湿度 ϕ = 35% の部屋の乾燥した空気を、温度一定のまま、相対湿度 ϕ がおよそ 70% になるまで加湿したい。このとき必要とされる絶対湿度の変化 dx について、湿り蒸気線図で調べたところ、約 0.004 kg/kg(DA) であることがわかった。　　　　　　　　　　　　　　　　　　　　　　　　　（　）

(14) ヒートポンプ空調機を暖房に使用すると、一次エネルギーであるガスや灯油の燃焼による暖房よりもエネルギーの有効利用を実現することができる。　（　）

(15) ヒートポンプ空調機では、室内熱交換器は、冷房時に凝縮器の役割を演じ、暖房時に蒸発器の役割を果たす。　　　　　　　　　　　　　　　　　　（　）

おもしろい冷凍方法・サイクルがある

現在までのところ、身近にあって背後で支える冷凍空調装置の主役は、間違いなく、蒸気圧縮冷凍サイクルです。しかし、それ以外に、低温を作り出すことのできるいくつかのおもしろい冷凍方法や冷凍サイクルが発見されています。

この最終章では、未来の冷凍空調技術につながるかもしれない、おもしろい冷凍方法・サイクルのいくつかを紹介します。

9-1 磁気冷凍―磁気で冷やす

　磁気で物を冷やすことができるのでしょうか。冷媒蒸気の凝縮と冷媒液の蒸発による蒸気圧縮冷凍機とはまったく異なり、磁気を利用して冷やす磁気冷凍システムの研究開発が行われています。その原理や特徴を紹介します。

■ 磁気熱量効果と冷凍

　磁気冷凍では、磁性体にかける磁界を変化させると温度が変わる現象を利用します。この現象は**磁気熱量効果**とよばれます。磁性体に磁界をかけていくとそれ自体が発熱し温度が上がり、磁界を取り去るときに吸熱し温度が下がります（図9.1.1）。ただし、磁界の強さが増加したり減少したりするときに限り、発熱と吸熱現象が生じ、磁界の強さが一定のときは何も起こりません。

■ 磁気冷凍の仕組み

　図9.1.2で、蒸気圧縮冷凍サイクルと磁気冷凍サイクルを比較しました。蒸気圧縮冷凍サイクルでは、圧縮機で加圧された冷媒蒸気が凝縮器で放熱して凝縮し、ついで、膨張弁で絞られた低圧低温の冷媒液が再び蒸発器で蒸発し周囲から吸熱します。凝縮器で冷媒蒸気が放熱し凝縮する過程は、冷媒がそのエントロピーを減少させる現象と解釈することができます。一方、蒸発器で冷媒液が吸熱し蒸発する過程は、冷媒がそのエントロピーを増加させる現象とみることができます。このエントロピー増減の考え方を磁気冷凍に当てはめてみましょう。外部から磁界をかけると磁性体の磁化の向きがそろっている秩序のある状態になり、このとき磁性体のエントロピーは減少します。逆に磁界の強さを弱めていくと磁性体の磁化の向きがバラバラの不規則な状態となり、このとき磁性体のエントロピーは増加します。磁性体のエントロピー減少が周囲への放熱を、磁性体のエントロピー増加が周囲からの吸熱（冷凍作用）を可能にしています。冷媒液が蒸発して周囲から熱を奪うことと、磁性体にかかる磁界を弱めて周囲から熱を奪うことが対応しています。磁気冷凍システムでは、磁界の変化による磁性体の温度変化を、二次冷媒であるブラインの流れを適切に制御することによって、外部へ冷凍作用を実現しています。

　磁気冷凍システムは次世代の冷凍技術のひとつです。現在、永久磁石を利用

したコンパクトな磁気冷凍システムについての開発研究が盛んに行われています。たとえば、磁性体材料としてガドリニウム合金を用い、永久磁石の磁界の変化で作動する磁気冷凍システムによって、室温から0℃以下数度までの低温を作り出せることがわかっています(巻末参考文献(21))。

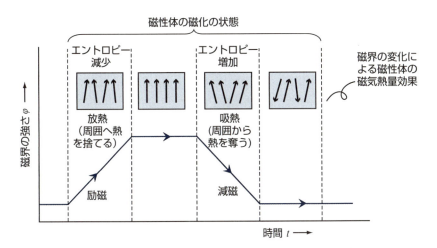

■図9.1.1 磁気熱量効果■

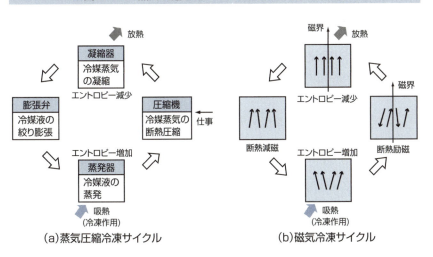

■図9.1.2 蒸気圧縮冷凍サイクルと磁気冷凍サイクル■

9-2 熱音響冷凍—音で冷やす

熱と音の相互作用を利用して、物を冷やすことができる熱音響冷凍の原理や仕組みについて説明します。

熱音響効果と冷凍

気体を閉じ込めた細い管を通過する音波は、管壁と熱交換を行うので、音と熱の相互作用が生じます。音と熱の相互作用は一般的に**熱音響効果**とよばれます。管の一端を加熱すると管内に共鳴現象による音が生じたり、逆に管内に音波を伝播させると管壁の温度勾配の形成による冷凍作用が生じたりします。音で冷凍作用を得る現象は**熱音響冷凍**とよばれ、新しい冷凍技術の一つとして盛んに研究開発が行われています。通常の冷凍機では圧縮機や膨張弁などの可動部分があってはじめて作動しますが、熱音響冷凍を利用する冷凍機では可動部を必要としない音波を使って、まったく新しい冷凍システムが実現できる可能性を秘めています。

熱音響冷凍の仕組み

熱音響冷凍の仕組みを説明しましょう。図9.2.1 (a) のように、気体を密封した長さ L の細い管は共鳴管とよばれます。共鳴管の一端には音波を発生するスピーカーが取り付けられます。一方、共鳴管の他端は閉じられた状態にします。管内の閉じた端の近くには、細かい平板や細管でできている熱交換器（スタックともいう）が挿入されています。

さて、スピーカーから波長 $\lambda=4L$ の音波を送り、管内で $\lambda/4$ の定在波の共鳴を生じさせます。すると、熱交換器の右側部分Aでは圧力が低く温度が上がり、その左側部分Bでは圧力が高く温度が下がるという現象が起こります。

図9.2.1 (b) は、図9.2.1 (a) における共鳴管内の熱交換器の微小部分Cを拡大したものです。この微小部分において、気体は音波によって圧力の高い右側に移動し、断熱圧縮されます。断熱圧縮された気体の温度は上昇するので、気体は近くの熱交換器の壁に放熱し、自らの温度を少しだけ下げます。その気体は音波によって再び圧力の低い左側に移動させられながら断熱膨張し、温度を下げます。この断熱圧縮と断熱膨張の1サイクルの結果、気体の温度は、断

熱圧縮後の熱交換器右側部分への放熱によって低下した温度だけ周囲より温度が下がります。

　この微小なサイクルの連続が積み重なり、熱交換器の右側部分Aが高温部分に、その左側部分Bが低温部分になるという温度差を生むことになります。このように、熱音響冷凍は、音波による気体の圧縮・膨張変化と、熱交換器壁との熱のやり取りを通して生み出される低温を利用するものです。

　従来の蒸気圧縮冷凍サイクルにおける冷媒蒸気の圧縮・凝縮および冷媒液の膨張・蒸発とほぼ同じように、熱音響冷凍では、音波による非常に短い周期でおこる気体の圧縮と膨張を利用しているわけです。

　最近、ヘリウムガスとアルゴンガスを8対2の割合で混合した圧力500 kPaの作動気体を用いる熱音響冷凍機によって、熱交換器低温部分を−20℃に下げることができたという報告がなされています（巻末参考文献（22））。このように、熱音響冷凍は、潤滑油のいらない可動部分なしの冷凍機を実現できる可能性をもつ、未来の冷凍技術のひとつです。熱音響冷凍機が実現するためには、共鳴管内に設置する熱交換器部分の性能向上が必須であるといわれています。今後の研究開発の進展が大いに期待されるところです。

■図 9.2.1 熱音響冷凍の仕組み■

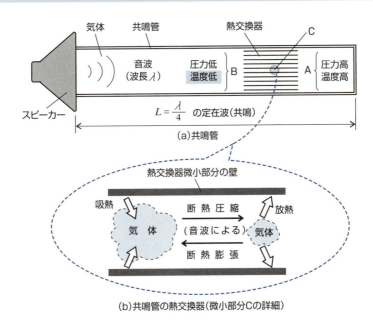

(a)共鳴管

(b)共鳴管の熱交換器(微小部分Cの詳細)

9-3 金属水素化物冷凍—水素で冷やす

クリーンエネルギーのひとつである水素を利用して冷やす方法に注目します。水素吸蔵合金と未利用廃熱を利用する金属水素化物冷凍の原理と仕組みについて紹介します。

■ 水素吸蔵合金の利用

　水素を燃焼させると水が生成され、二酸化炭素は排出されません。また、水素は電気を直接作り出すことのできる燃料電池の燃料でもあります。このように、空気を汚染せず温室効果ガスとも無縁なクリーンエネルギーとして水素が注目されています。1960年代、水素を高密度で吸収、貯蔵することのできる合金、**水素吸蔵合金**が発見され、水素の利用を考えるときの重要な要素となりました。この水素吸蔵合金の特性を利用したさまざまな技術開発のひとつとして、未利用廃熱を駆動力として使用する**金属水素化物冷凍**が考え出されました。

■ 金属水素化物冷凍機の仕組み

　2種類の水素吸蔵合金を利用した金属水素化物冷凍の原理を説明します。図9.3.1には、2種類の水素吸蔵合金M1およびM2について、水素ガスの平衡圧力Pの対数$\ln P$が、絶対温度の逆数$1/T$を横軸にとって表されています。M1は高温用の水素吸蔵合金、M2は低温用の水素吸蔵合金とします。

　いま、水素を貯蔵したMH1（d）の状態にある金属水素化物に、温度T_Hの高温廃熱源により熱q_1を与え、吸熱反応として水素を放出させてM1（a）の状態にします。放出した水素ガスは、適切な配管により低温用の水素吸蔵合金M2に送り、室温T_Rで水素を吸収させ、金属水素化物MH2（b）とします。このときの水素吸収反応に伴う発熱q_2は外部へ放熱します。ついで、水素を吸収した低温用の金属水素化物MH2（b）は、冷やすべき周囲（冷凍庫内）から低温T_Lのもとで熱q_2を奪いながら水素を放出し、M2（c）の状態になります。M2（c）から放出した水素は室温T_Rの水素吸蔵合金M1に送られ、再び水素を貯蔵した金属水素化物MH1（d）を生成します。この2種の水素吸蔵合金にわたるサ

イクル、M1(a)➡MH2(b)➡M2(c)➡MH1(d)➡M1(a)を繰り返すことによって、M2の周囲（冷凍庫内）の温度を室温T_Rから低温T_Lに下げることができます。これが、金属水素化物冷凍で冷やす仕組みの概要です。

最近、金属水素化物冷凍機の実証的な研究が盛んに進められています（巻末参考文献(23)）。そこでは、水素吸蔵合金としてチタン(Ti)－ジルコニウム(Zr)合金が用いられ、120～160℃の高温廃熱源、30℃以下の低温廃熱源を組み合わせ、－30～－20℃の低温を得られる冷凍庫が廃熱駆動の金属水素化物冷凍によって実現できることが報告されています。

工場やごみ処理場からの未利用の廃熱で駆動する金属水素化物冷凍機は、農水産物などを貯蔵する冷凍庫などへ応用することによって、従来の蒸気圧縮冷凍と比べ、省エネルギー化の促進や二酸化炭素の排出削減に貢献できる新しい冷凍技術の一つとして期待されます。

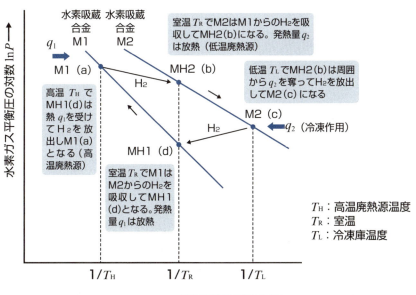

■図 9.3.1　金属水素化物冷凍の原理■

9-4 エジェクタを用いる冷凍サイクル

蒸気圧縮冷凍サイクルの成績係数を向上させるひとつの手段として、膨張弁の代わりにエジェクタという機器を使う冷凍サイクルが注目を集めています。このエジェクタを用いる冷凍サイクルについて紹介します。

■ エジェクタのはたらき

通常の蒸気圧縮冷凍サイクルにおける膨張弁では、断熱的な絞り膨張の際に発生する運動エネルギーは、管摩擦や渦によって無駄に熱に変わっています。**エジェクタ**とは駆動流の運動エネルギーによって吸引流を加圧する機器ですが、これを冷凍サイクルの膨張弁の代わりに使用します。エジェクタは、膨張弁では通常無駄になる運動エネルギーを利用して圧縮機の代わりに冷媒蒸気を吸込み、圧縮機の断熱圧縮仕事を低減させ、冷凍サイクルの成績係数 COP を向上させるはたらきをします。

■ エジェクタを用いた冷凍サイクル

図9.4.1 (a) に膨張弁の代わりにエジェクタを組み入れた冷凍サイクルの概要を示します。また、図9.4.1 (b) に、その冷凍サイクルを Ph 線図に実線で示します。この図で、破線は膨張弁を用いた通常の冷凍サイクルを示します。

エジェクタ部分を詳しくみると、凝縮器からの冷媒液がノズルで断熱膨張 (2➡3) して運動エネルギーに変換されます。この過程は、通常の膨張弁では破線で示すように等比エンタルピーで垂直に変化しますが、エジェクタでは等比エントロピーで変化するので、$h_2 - h_3$ だけ左側 (3) に移ります。ノズルを出た冷媒湿り蒸気の高速流は、吸引部で蒸発器を出る冷媒蒸気を吸引します。高速の冷媒湿り蒸気と吸引された冷媒蒸気は混合部で混ざり合い昇圧 (4➡5) し、さらにディフューザで減速、昇圧 (5➡6) します。エジェクタを出た冷媒湿り蒸気 (6) は、気液分離器に入り、冷媒液 (6') は蒸発器へ、冷媒蒸気 (6") は圧縮機へ、それぞれ吸い込まれます。エジェクタ出口の圧力は蒸発器の圧力 Po より高くなります。よって、圧縮機による圧縮仕事 $(h_1 - h_6")$ は、通常の冷凍サイクル場合の $(h_1 - h_8)$ よりも小さくなります。この効果によって、エジェクタ

を用いた冷凍サイクルの成績係数が向上します。

このように、エジェクタを用いた冷凍サイクルは、通常の膨張弁では無駄になる運動エネルギーの一部を回収し、圧縮機における断熱圧縮仕事を低減します。エジェクタを用いた冷凍サイクルは、成績係数を改善するための有効な手段のひとつとして今後ますます研究開発と実用化が進められていくことでしょう（巻末参考文献(24)）。

■図 9.4.1　エジェクタを用いた冷凍サイクル■

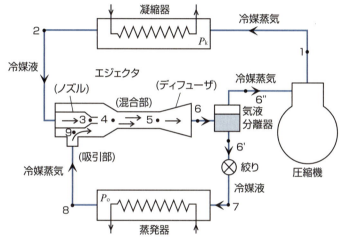

(a) エジェクタ冷凍サイクル

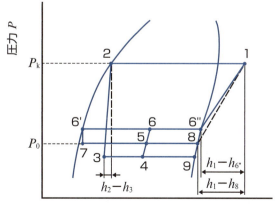

(b) Ph 線上のエジェクタ冷凍サイクル

9-5 電子冷凍—ペルチェ効果で冷やす

ここでは、電子で冷やす電子冷凍の原理を紹介します。電子冷凍機は冷媒や圧縮機を使用しないので、小形化も容易で騒音や振動も出しません。小形冷蔵庫や光通信デバイスの温度制御装置に使われ始め、今後の発展が期待されています。

ゼーベック効果とペルチェ効果

図9.5.1のように、異なった種類の金属AおよびBの両端を接合し、二つの接合部を異なった温度にすると、熱起電力が発生して電流（電子の流れは逆向き）が流れます。この現象は、1821年、ゼーベックによって発見され、ゼーベック効果といいます。**ゼーベック効果**は熱電対による温度測定に利用されています。

ゼーベック効果と逆の現象は**ペルチェ効果**とよばれます。図9.5.2に示したように、両端を接合した異種の金属AおよびBの回路に電流（直流）を流すと、一端では発熱現象、他端では吸熱現象が起こります。この現象は1834年ペルチェによって発見されました。ペルチェ効果の吸熱現象を利用して物を冷やすのが電子冷凍です。

熱電素子の構造

電子冷凍機の**熱電素子**（ペルチェ素子）の構造を図9.5.3に示します。熱電素子は普通の金属ではなく、n形およびp形半導体を交互に並べて、銅の電極で接続した構造をしています。図の矢印の方向に電流Iを流すと、上端の銅電極の接合部Aで吸熱、一方、下端の銅電極の接合部Bで発熱が生じます。ペルチェ効果による吸熱量Qは、基本的に回路の電流Iと熱電能（ゼーベック係数ともいう）αに比例することが知られています。したがって、熱電素子の吸熱性能の向上にはできるだけゼーベック効果の大きい半導体材料の開発が必要です。

身近に使用されている電子冷凍機としては、卓上用および車載用の小形冷温ボックス、ホテルの部屋に置かれる小形冷蔵庫、ワインセラーやワイン熟成庫、およびビールや清涼飲料の自動販売機などがあります。

9-5 電子冷凍—ペルチェ効果で冷やす

　現在、電子冷凍の分野では、熱電素子に使われる新しい半導体材料の開発を含めた研究が盛んになされています。近い将来、宇宙船や宇宙ステーションに電子冷凍機が使えるようになったらすばらしいことです。

■図 9.5.1　ゼーベック効果■

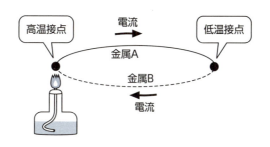

■図 9.5.2　ペルチェ効果■

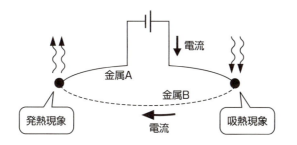

■図 9.5.3　熱電素子（ペルチェ素子、熱電能 α）の構造■

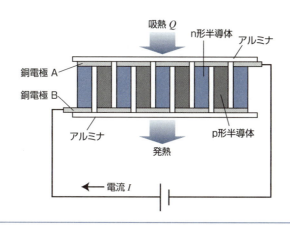

MEMO

参考資料

高圧ガス保安法
（抜粋）

高圧ガス保安法　抜粋
(昭和二十六年六月七日法律第二百四号)

最終改正：平成一八年六月二日法律第五〇号

第一章　総則（第一条—第四条）

第二章　事業（第五条—第二十五条の二）

第三章　保安（第二十六条—第三十九条）

第三章の二　完成検査及び保安検査に係る認定（第三十九条の二—第三十九条の十二）

第四章　容器等

　第一節　容器及び容器の附属品（第四十条—第五十六条の二の二）

　第二節　特定設備（第五十六条の三—第五十六条の六の二十三）

　第三節　指定設備（第五十六条の七—第五十六条の九）

　第四節　冷凍機器（第五十七条—第五十八条の二）

第四章の二　指定試験機関等

　第一節　指定試験機関（第五十八条の三—第五十八条の十七）

　第二節　指定完成検査機関（第五十八条の十八—第五十八条の三十）

　第二節の二　指定輸入検査機関（第五十八条の三十の二）

　第二節の三　指定保安検査機関（第五十八条の三十の三）

　第三節　指定容器検査機関（第五十八条の三十一）

　第四節　指定特定設備検査機関（第五十八条の三十二）

　第五節　指定設備認定機関（第五十八条の三十三）

　第六節　検査組織等調査機関（第五十八条の三十四—第五十九条）

第四章の三　高圧ガス保安協会

　第一節　総則（第五十九条の二—第五十九条の八）

　第二節　会員（第五十九条の九—第五十九条の十一）

　第三節　役員、評議員及び職員（第五十九条の十二—第五十九条の二十七）

　第四節　業務（第五十九条の二十八—第五十九条の三十の二）

　第四節の二　財務及び会計（第五十九条の三十一—第五十九条の三十三の二）

　第五節　監督（第五十九条の三十四・第五十九条の三十五）

　第六節　解散（第五十九条の三十六）

第五章　雑則（第六十条—第七十九条の二）

第六章　罰則（第八十条—第八十六条）

附則

第一章　総則

（目的）

第一条　この法律は、高圧ガスによる災害を防止するため、高圧ガスの製造、貯蔵、販売、移動その他の取扱及び消費並びに容器の製造及び取扱を規制するとともに、民間事業者及び高圧ガス保安協会による高圧ガスの保安に関する自主的な活動を促進し、もって公共の安全を確保することを目的とする。

（定義）

第二条　この法律で「高圧ガス」とは、次の各号のいずれかに該当するものをいう。

一　常用の温度において圧力（ゲージ圧力をいう。以下同じ。）が一メガパスカル以上となる圧縮ガスであって現にその圧力が一メガパスカル以上であるもの又は温度三十五度において圧力が一メガパスカル以上となる圧縮ガス（圧縮アセチレンガスを除く。）

二　常用の温度において圧力が〇・二メガパスカル以上となる圧縮アセチレンガスであって現にその圧力が〇・二メガパスカル以上であるもの又は温度十五度において圧力が〇・二メガパスカル以上となる圧縮アセチレンガス

三　常用の温度において圧力が〇・二メガパスカル以上となる液化ガスであって現にその圧力が〇・二メガパスカル以上であるもの又は圧力が〇・二メガパスカルとなる場合の温度が三十五度以下である液化ガス

四　前号に掲げるものを除くほか、温度三十五度において圧力零パスカルを超える液化ガスのうち、液化シアン化水素、液化ブロムメチル又はその他の液化ガスであって、政令で定めるもの

（適用除外）

第三条　この法律の規定は、次の各号に掲げる高圧ガスについては、適用しない。

一　高圧ボイラー及びその導管内における高圧蒸気

二　鉄道車両のエヤコンディショナー内における高圧ガス

三　船舶安全法（昭和八年法律第十一号）第二条第一項の規定の適用を受ける船舶及び海上自衛隊の使用する船舶内における高圧ガス

四　鉱山保安法（昭和二十四年法律第七十号）第二条第二項の鉱山に所在する当該鉱山における鉱業を行うための設備（政令で定めるものに限る。）内における高圧ガス

五　航空法（昭和二十七年法律第二百三十一号）第二条第一項の航空機内における高圧ガス

六　電気事業法（昭和三十九年法律第百七十号）第二条第一項第十六号の電気工作物（政令で定めるものに限る。）内における高圧ガス

七　核原料物質、核燃料物質及び原子炉の規制に関する法律（昭和三十二年法律第百六十六号）第二条第四項の原子炉及びその附属施設内における高圧ガス

八　その他災害の発生のおそれがない高圧ガスであって、政令で定めるもの

2　第四十条から第五十六条の二の二まで及び第六十条から第六十三条までの規定は、内容積一デシリットル以下の容器及び密閉しないで用いられる容器については、適用しない。

【中略】

第二章　事業

（製造の許可等）

第五条　次の各号の一に該当する者は、事業所ごとに、都道府県知事の許可を受けなければならない。

一　圧縮、液化その他の方法で処理することができるガスの容積（温度零度、圧力零パスカルの状態に換算した容積をいう。以下同じ。）が一日百立方メートル（当該ガスが政令で定めるガスの種類に該当するものである場合にあっては、当該政令で定めるガスの種類ごとに百立方メートルを超える政令で定める値）以上である設備（第五十六条の七第二項の認定を受けた設備を除く。）を使用して高圧ガスの製造（容器に充てんすることを含む。以下同じ。）をしようとする者（冷凍（冷凍設備を使用してする暖房を含む。以下同じ。）のため高圧ガスの製造をしようとする者及び液化石油ガスの保安の確保及び取引の適正化に関する法律（昭和四十二年法律第百四十九号。以下「液化石油ガス法」という。）第二条第四項の供給設備に同条第一項の液化石油ガスを充てんしようとする者を除く。）

二　冷凍のためガスを圧縮し、又は液化して高圧ガスの製造をする設備でその一日の冷凍能力が二十トン（当該ガスが政令で定めるガスの種類に該当するものである場合にあっては、当該政令で定めるガスの種類ごとに二十トンを超える政令で定める値）以上のもの（第五十六条の七第二項の認定を受けた設備を除く。）を使用して高圧ガスの製造をしようとする者

2　次の各号の一に該当する者は、事業所ごとに、当該各号に定める日の二十日前までに、製造をする高圧ガスの種類、製造のための施設の位置、構造及び設備並びに製造の方法を記載した書面を添えて、その旨を都道府県知事に届け出な

ければならない。
一 高圧ガスの製造の事業を行う者（前項第一号に掲げる者及び冷凍のため高圧ガスの製造をする者並びに液化石油ガス法第二条第四項 の供給設備に同条第一項の液化石油ガスを充てんする者を除く。） 事業開始の日
二 冷凍のためガスを圧縮し、又は液化して高圧ガスの製造をする設備でその一日の冷凍能力が三トン（当該ガスが前項第二号の政令で定めるガスの種類に該当するものである場合にあっては、当該政令で定めるガスの種類ごとに三トンを超える政令で定める値）以上のものを使用して高圧ガスの製造をする者（同号に掲げる者を除く。） 製造開始の日

3 第一項第二号及び前項第二号の冷凍能力は、経済産業省令で定める基準に従って算定するものとする。

【中略】

(許可の基準)

第八条 都道府県知事は、第五条第一項の許可の申請があった場合には、その申請を審査し、次の各号のいずれにも適合していると認めるときは、許可を与えなければならない。
一 製造（製造に係る貯蔵及び導管による輸送を含む。以下この条、次条、第十一条、第十四条第一項、第二十条第一項から第三項まで、第二十条の二、第二十条の三、第二十一条第一項、第二十七条の二第四項、第二十七条の三第一項、第二十七条の四第一項、第三十二条第十項、第三十五条第一項、第三十五条の二、第三十六条第一項、第三十八条第一項、第三十九条第一号及び第二号、第三十九条の六、第三十九条の十一第一項、第三十九条の十二第一項第四号、第六十条第一項、第八十条第二号及び第三号並びに第八十一条第二号において同じ。）のための施設の位置、構造及び設備が経済産業省令で定める技術上の基準に適合するものであること。
二 製造の方法が経済産業省令で定める技術上の基準に適合するものであること。
三 その他製造が公共の安全の維持又は災害の発生の防止に支障を及ぼすおそれがないものであること。

【中略】

（製造のための施設及び製造の方法）

第十一条　第一種製造者は、製造のための施設を、その位置、構造及び設備が第八条第一号の技術上の基準に適合するように維持しなければならない。

 2　第一種製造者は、第八条第二号の技術上の基準に従って高圧ガスの製造をしなければならない。

 3　都道府県知事は、第一種製造者の製造のための施設又は製造の方法が第八条第一号又は第二号の技術上の基準に適合していないと認めるときは、その技術上の基準に適合するように製造のための施設を修理し、改造し、若しくは移転し、又はその技術上の基準に従って高圧ガスの製造をすべきことを命ずることができる。

第十二条　第二種製造者は、製造のための施設を、その位置、構造及び設備が経済産業省令で定める技術上の基準に適合するように維持しなければならない。

 2　第二種製造者は、経済産業省令で定める技術上の基準に従って高圧ガスの製造をしなければならない。

 3　都道府県知事は、第二種製造者の製造のための施設又は製造の方法が前二項の技術上の基準に適合していないと認めるときは、その技術上の基準に適合するように製造のための施設を修理し、改造し、若しくは移転し、又はその技術上の基準に従って高圧ガスの製造をすべきことを命ずることができる。

第十三条　前二条に定めるもののほか、高圧ガスの製造は、経済産業省令で定める技術上の基準に従ってしなければならない。

（製造のための施設等の変更）

第十四条　第一種製造者は、製造のための施設の位置、構造若しくは設備の変更の工事をし、又は製造をする高圧ガスの種類若しくは製造の方法を変更しようとするときは、都道府県知事の許可を受けなければならない。ただし、製造のための施設の位置、構造又は設備について経済産業省令で定める軽微な変更の工事をしようとするときは、この限りでない。

 2　第一種製造者は、前項ただし書の軽微な変更の工事をしたときは、その完成後遅滞なく、その旨を都道府県知事に届け出なければならない。

 3　第八条の規定は、第一項の許可に準用する。

 4　第二種製造者は、製造のための施設の位置、構造若しくは設備の変更の工事をし、又は製造をする高圧ガスの種類若しくは製造の方法を変更しようとするときは、あらかじめ、都道府県知事に届け出なければならない。ただし、

製造のための施設の位置、構造又は設備について経済産業省令で定める軽微な変更の工事をしようとするときは、この限りでない。

(貯蔵)
第十五条　高圧ガスの貯蔵は、経済産業省令で定める技術上の基準に従ってしなければならない。ただし、第一種製造者が第五条第一項の許可を受けたところに従って貯蔵する高圧ガス若しくは液化石油ガス法第六条 の液化石油ガス販売事業者が液化石油ガス法第二条第四項 の供給設備若しくは液化石油ガス法第三条第二項第三号 の貯蔵施設において貯蔵する液化石油ガス法第二条第一項 の液化石油ガス又は経済産業省令で定める容積以下の高圧ガスについては、この限りでない。

2　都道府県知事は、次条第一項又は第十七条の二第一項に規定する貯蔵所の所有者又は占有者が当該貯蔵所においてする高圧ガスの貯蔵が前項の技術上の基準に適合していないと認めるときは、その者に対し、その技術上の基準に従って高圧ガスを貯蔵すべきことを命ずることができる。

(貯蔵所)
第十六条　容積三百立方メートル(当該ガスが政令で定めるガスの種類に該当するものである場合にあっては、当該政令で定めるガスの種類ごとに三百立方メートルを超える政令で定める値)以上の高圧ガスを貯蔵するときは、あらかじめ都道府県知事の許可を受けて設置する貯蔵所(以下「第一種貯蔵所」という。)においてしなければならない。ただし、第一種製造者が第五条第一項の許可を受けたところに従って高圧ガスを貯蔵するとき、又は液化石油ガス法第六条 の液化石油ガス販売事業者が液化石油ガス法第二条第四項 の供給設備若しくは液化石油ガス法第三条第二項第三号 の貯蔵施設において液化石油ガス法第二条第一項 の液化石油ガスを貯蔵するときは、この限りでない。

2　都道府県知事は、前項の許可の申請があった場合において、その第一種貯蔵所の位置、構造及び設備が経済産業省令で定める技術上の基準に適合すると認めるときは、許可を与えなければならない。

3　第一項の場合において、貯蔵する高圧ガスが液化ガス又は液化ガス及び圧縮ガスであるときは、液化ガス十キログラムをもって容積一立方メートルとみなして、同項の規定を適用する。

【中略】

（完成検査）

第二十条　第五条第一項又は第十六条第一項の許可を受けた者は、高圧ガスの製造のための施設又は第一種貯蔵所の設置の工事を完成したときは、製造のための施設又は第一種貯蔵所につき、都道府県知事が行う完成検査を受け、これらが第八条第一号又は第十六条第二項の技術上の基準に適合していると認められた後でなければ、これを使用してはならない。ただし、高圧ガスの製造のための施設又は第一種貯蔵所につき、経済産業省令で定めるところにより高圧ガス保安協会（以下「協会」という。）又は経済産業大臣が指定する者（以下「指定完成検査機関」という。）が行う完成検査を受け、これらが第八条第一号又は第十六条第二項の技術上の基準に適合していると認められ、その旨を都道府県知事に届け出た場合は、この限りでない。

2　第一種製造者からその製造のための施設の全部又は一部の引渡しを受け、第五条第一項の許可を受けた者は、その第一種製造者が当該製造のための施設につき既に完成検査を受け、第八条第一号の技術上の基準に適合していると認められ、又は次項第二号の規定による検査の記録の届出をした場合にあっては、当該施設を使用することができる。

3　第十四条第一項又は前条第一項の許可を受けた者は、高圧ガスの製造のための施設又は第一種貯蔵所の位置、構造若しくは設備の変更の工事（経済産業省令で定めるものを除く。以下「特定変更工事」という。）を完成したときは、製造のための施設又は第一種貯蔵所につき、都道府県知事が行う完成検査を受け、これらが第八条第一号又は第十六条第二項の技術上の基準に適合していると認められた後でなければ、これを使用してはならない。ただし、次に掲げる場合は、この限りでない。

一　高圧ガスの製造のための施設又は第一種貯蔵所につき、経済産業省令で定めるところにより協会又は指定完成検査機関が行う完成検査を受け、これらが第八条第一号又は第十六条第二項の技術上の基準に適合していると認められ、その旨を都道府県知事に届け出た場合

二　自ら特定変更工事に係る完成検査を行うことができる者として経済産業大臣の認定を受けている者（以下「認定完成検査実施者」という。）が、第三十九条の十一第一項の規定により検査の記録を都道府県知事に届け出た場合

4　協会又は指定完成検査機関は、第一項ただし書又は前項第一号の完成検査を行ったときは、遅滞なく、その結果を都道府県知事に報告しなければならない。

5 第一項及び第三項の都道府県知事、協会及び指定完成検査機関が行う完成検査の方法は、経済産業省令で定める。

【中略】

(販売事業の届出)
第二十条の四　高圧ガスの販売の事業（液化石油ガス法第二条第三項 の液化石油ガス販売事業を除く。）を営もうとする者は、販売所ごとに、事業開始の日の二十日前までに、販売をする高圧ガスの種類を記載した書面その他経済産業省令で定める書類を添えて、その旨を都道府県知事に届け出なければならない。ただし、次に掲げる場合は、この限りでない。
一　第一種製造者であって、第五条第一項第一号に規定する者がその製造をした高圧ガスをその事業所において販売するとき。
二　医療用の圧縮酸素その他の政令で定める高圧ガスの販売の事業を営む者が貯蔵数量が常時容積五立方メートル未満の販売所において販売するとき。

【中略】

(製造等の廃止等の届出)
第二十一条　第一種製造者は、高圧ガスの製造を開始し、又は廃止したときは、遅滞なく、その旨を都道府県知事に届け出なければならない。
2　第二種製造者であって、第五条第二項第一号に掲げるものは、高圧ガスの製造の事業を廃止したときは、遅滞なく、その旨を都道府県知事に届け出なければならない。
3　第二種製造者であって、第五条第二項第二号に掲げるものは、高圧ガスの製造を廃止したときは、遅滞なく、その旨を都道府県知事に届け出なければならない。
4　第一種貯蔵所又は第二種貯蔵所の所有者又は占有者は、第一種貯蔵所又は第二種貯蔵所の用途を廃止したときは、遅滞なく、その旨を都道府県知事に届け出なければならない。
5　販売業者は、高圧ガスの販売の事業を廃止したときは、遅滞なく、その旨を都道府県知事に届け出なければならない。

（輸入検査）

第二十二条　高圧ガスの輸入をした者は、輸入をした高圧ガス及びその容器につき、都道府県知事が行う輸入検査を受け、これらが経済産業省令で定める技術上の基準（以下この条において「輸入検査技術基準」という。）に適合していると認められた後でなければ、これを移動してはならない。ただし、次に掲げる場合は、この限りでない。

一　輸入をした高圧ガス及びその容器につき、経済産業省令で定めるところにより協会又は経済産業大臣が指定する者（以下「指定輸入検査機関」という。）が行う輸入検査を受け、これらが輸入検査技術基準に適合していると認められ、その旨を都道府県知事に届け出た場合

二　船舶から導管により陸揚げして高圧ガスの輸入をする場合

三　経済産業省令で定める緩衝装置内における高圧ガスの輸入をする場合

四　前二号に掲げるもののほか、公共の安全の維持又は災害の発生の防止に支障を及ぼすおそれがないものとして経済産業省令で定める場合

2　協会又は指定輸入検査機関は、前項の輸入検査を行ったときは、遅滞なく、その結果を都道府県知事に報告しなければならない。

3　都道府県知事は、輸入された高圧ガス又はその容器が輸入検査技術基準に適合していないと認めるときは、当該高圧ガスの輸入をした者に対し、その高圧ガス及びその容器の廃棄その他の必要な措置をとるべきことを命ずることができる。

4　第一項の都道府県知事、協会又は指定輸入検査機関が行う輸入検査の方法は、経済産業省令で定める。

（移動）

第二十三条　高圧ガスを移動するには、その容器について、経済産業省令で定める保安上必要な措置を講じなければならない。

2　車両（道路運送車両法（昭和二十六年法律第百八十五号）第二条第一項に規定する道路運送車両をいう。）により高圧ガスを移動するには、その積載方法及び移動方法について経済産業省令で定める技術上の基準に従ってしなければならない。

3　導管により高圧ガスを輸送するには、経済産業省令で定める技術上の基準に従ってその導管を設置し、及び維持しなければならない。ただし、第一種製造者が第五条第一項の許可を受けたところに従って導管により高圧ガスを輸送するときは、この限りでない。

【中略】

(廃棄)
第二十五条　経済産業省令で定める高圧ガスの廃棄は、廃棄の場所、数量その他廃棄の方法について経済産業省令で定める技術上の基準に従ってしなければならない。

【中略】

第三章　保安

(危害予防規程)
第二十六条　第一種製造者は、経済産業省令で定める事項について記載した危害予防規程を定め、経済産業省令で定めるところにより、都道府県知事に届け出なければならない。これを変更したときも、同様とする。
　　2　都道府県知事は、公共の安全の維持又は災害の発生の防止のため必要があると認めるときは、危害予防規程の変更を命ずることができる。
　　3　第一種製造者及びその従業者は、危害予防規程を守らなければならない。
　　4　都道府県知事は、第一種製造者又はその従業者が危害予防規程を守っていない場合において、公共の安全の維持又は災害の発生の防止のため必要があると認めるときは、第一種製造者に対し、当該危害予防規程を守るべきこと又はその従業者に当該危害予防規程を守らせるため必要な措置をとるべきことを命じ、又は勧告することができる。

(保安教育)
第二十七条　第一種製造者は、その従業者に対する保安教育計画を定めなければならない。
　　2　都道府県知事は、公共の安全の維持又は災害の発生の防止上十分でないと認めるときは、前項の保安教育計画の変更を命ずることができる。
　　3　第一種製造者は、保安教育計画を忠実に実行しなければならない。
　　4　第二種製造者、第一種貯蔵所若しくは第二種貯蔵所の所有者若しくは占有者、販売業者又は特定高圧ガス消費者(次項において「第二種製造者等」という。)は、その従業者に保安教育を施さなければならない。
　　5　都道府県知事は、第一種製造者が保安教育計画を忠実に実行していない場合において公共の安全の維持若しくは災害の発生の防止のため必要がある

と認めるとき、又は第二種製造者等がその従業者に施す保安教育が公共の安全の維持若しくは災害の発生の防止上十分でないと認めるときは、第一種製造者又は第二種製造者等に対し、それぞれ、当該保安教育計画を忠実に実行し、又はその従業者に保安教育を施し、若しくはその内容若しくは方法を改善すべきことを勧告することができる。

6　協会は、高圧ガスによる災害の防止に資するため、高圧ガスの種類ごとに、第一項の保安教育計画を定め、又は第四項の保安教育を施すに当たって基準となるべき事項を作成し、これを公表しなければならない。

（保安統括者、保安技術管理者及び保安係員）
第二十七条の二　次に掲げる者は、事業所ごとに、経済産業省令で定めるところにより、高圧ガス製造保安統括者（以下「保安統括者」という。）を選任し、第三十二条第一項に規定する職務を行わせなければならない。

一　第一種製造者であって、第五条第一項第一号に規定する者（経済産業省令で定める者を除く。）

二　第二種製造者であって、第五条第二項第一号に規定する者（一日に製造をする高圧ガスの容積が経済産業省令で定めるガスの種類ごとに経済産業省令で定める容積以下である者その他経済産業省令で定める者を除く。）

2　保安統括者は、当該事業所においてその事業の実施を統括管理する者をもって充てなければならない。

3　第一項第一号又は第二号に掲げる者は、事業所ごとに、経済産業省令で定めるところにより、高圧ガス製造保安責任者免状（以下「製造保安責任者免状」という。）の交付を受けている者であって、経済産業省令で定める高圧ガスの製造に関する経験を有する者のうちから、高圧ガス製造保安技術管理者（以下「保安技術管理者」という。）を選任し、第三十二条第二項に規定する職務を行わせなければならない。ただし、保安統括者に経済産業省令で定める事業所の区分に従い経済産業省令で定める種類の製造保安責任者免状の交付を受けている者であって、経済産業省令で定める高圧ガスの製造に関する経験を有する者を選任している場合その他経済産業省令で定める場合は、この限りでない。

4　第一項第一号又は第二号に掲げる者は、経済産業省令で定める製造のための施設の区分ごとに、経済産業省令で定めるところにより、製造

保安責任者免状の交付を受けている者であって、経済産業省令で定める高圧ガスの製造に関する経験を有する者のうちから、高圧ガス製造保安係員（以下「保安係員」という。）を選任し、第三十二条第三項に規定する職務を行わせなければならない。

5　第一項第一号又は第二号に掲げる者は、同項の規定により保安統括者を選任したときは、遅滞なく、経済産業省令で定めるところにより、その旨を都道府県知事に届け出なければならない。これを解任したときも、同様とする。

6　第一項第一号又は第二号に掲げる者は、第三項又は第四項の規定による保安技術管理者又は保安係員の選任又はその解任について、経済産業省令で定めるところにより、都道府県知事に届け出なければならない。

7　第一項第一号又は第二号に掲げる者は、経済産業省令で定めるところにより、保安係員に協会又は第三十一条第三項の指定講習機関が行う高圧ガスによる災害の防止に関する講習を受けさせなければならない。

（保安主任者及び保安企画推進員）

第二十七条の三　前条第一項第一号に掲げる第一種製造者のうち一日に製造をする高圧ガスの容積が経済産業省令で定めるガスの種類ごとに経済産業省令で定める容積以上である者は、経済産業省令で定める製造のための施設の区分ごとに、経済産業省令で定めるところにより、製造保安責任者免状の交付を受けている者であって、経済産業省令で定める高圧ガスの製造に関する経験を有する者のうちから、高圧ガス製造保安主任者（以下「保安主任者」という。）を選任し、第三十二条第四項に規定する職務を行わせなければならない。

2　前項に規定する第一種製造者は、事業所ごとに、経済産業省令で定める高圧ガスの製造に係る保安に関する知識経験を有する者のうちから、高圧ガス製造保安企画推進員（以下「保安企画推進員」という。）を選任し、第三十二条第五項に規定する職務を行わせなければならない。

3　前条第六項の規定は保安主任者又は保安企画推進員の選任又は解任について、同条第七項の規定はこれらの者に係る講習について準用する。

(冷凍保安責任者)

第二十七条の四　次に掲げる者は、事業所ごとに、経済産業省令で定めるところにより、製造保安責任者免状の交付を受けている者であって、経済産業省令で定める高圧ガスの製造に関する経験を有する者のうちから、冷凍保安責任者を選任し、第三十二条第六項に規定する職務を行わせなければならない。

　一　第一種製造者であって、第五条第一項第二号に規定する者（製造のための施設が経済産業省令で定める施設である者その他経済産業省令で定める者を除く。）

　二　第二種製造者であって、第五条第二項第二号に規定する者（一日の冷凍能力が経済産業省令で定める値以下の者及び製造のための施設が経済産業省令で定める施設である者その他経済産業省令で定める者を除く。）

２　第二十七条の二第五項の規定は、冷凍保安責任者の選任又は解任について準用する。

【中略】

(保安検査)

第三十五条　第一種製造者は、高圧ガスの爆発その他災害が発生するおそれがある製造のための施設（経済産業省令で定めるものに限る。以下「特定施設」という。）について、経済産業省令で定めるところにより、定期に、都道府県知事が行う保安検査を受けなければならない。ただし、次に掲げる場合は、この限りでない。

　一　特定施設のうち経済産業省令で定めるものについて、経済産業省令で定めるところにより協会又は経済産業大臣の指定する者（以下「指定保安検査機関」という。）が行う保安検査を受け、その旨を都道府県知事に届け出た場合

　二　自ら特定施設に係る保安検査を行うことができる者として経済産業大臣の認定を受けている者（以下「認定保安検査実施者」という。）が、その認定に係る特定施設について、第三十九条の十一第二項の規定により検査の記録を都道府県知事に届け出た場合

２　前項の保安検査は、特定施設が第八条第一号の技術上の基準に適合しているかどうかについて行う。

3　協会又は指定保安検査機関は、第一項第一号の保安検査を行ったときは、遅滞なく、その結果を都道府県知事に報告しなければならない。

　4　第一項の都道府県知事、協会又は指定保安検査機関が行う保安検査の方法は、経済産業省令で定める。

（定期自主検査）

第三十五条の二　第一種製造者、第五十六条の七第二項の認定を受けた設備を使用する第二種製造者若しくは第二種製造者であって一日に製造する高圧ガスの容積が経済産業省令で定めるガスの種類ごとに経済産業省令で定める量（第五条第二項第二号に規定する者にあっては、一日の冷凍能力が経済産業省令で定める値）以上である者又は特定高圧ガス消費者は、製造又は消費のための施設であって経済産業省令で定めるものについて、経済産業省令で定めるところにより、定期に、保安のための自主検査を行い、その検査記録を作成し、これを保存しなければならない。

（危険時の措置及び届出）

第三十六条　高圧ガスの製造のための施設、貯蔵所、販売のための施設、特定高圧ガスの消費のための施設又は高圧ガスを充てんした容器が危険な状態となったときは、高圧ガスの製造のための施設、貯蔵所、販売のための施設、特定高圧ガスの消費のための施設又は高圧ガスを充てんした容器の所有者又は占有者は、直ちに、経済産業省令で定める災害の発生の防止のための応急の措置を講じなければならない。

　2　前項の事態を発見した者は、直ちに、その旨を都道府県知事又は警察官、消防吏員若しくは消防団員若しくは海上保安官に届け出なければならない。

（火気等の制限）

第三十七条　何人も、第五条第一項若しくは第二項の事業所、第一種貯蔵所若しくは第二種貯蔵所、第二十条の四の販売所（同条第二号の販売所を除く。）若しくは第二十四条の二第一項の事業所又は液化石油ガス法第三条第二項第二号の販売所においては、第一種製造者、第二種製造者、第一種貯蔵所若しくは第二種貯蔵所の所有者若しくは占有者、販売業者若しくは特定高圧ガス消費者又は液化石油ガス法第六条の液化石油ガス販売事業者が指定する場所で火気を取り扱ってはならない。

2　何人も、第一種製造者、第二種製造者、第一種貯蔵所若しくは第二種貯蔵所の所有者若しくは占有者、販売業者若しくは特定高圧ガス消費者又は液化石油ガス法第六条 の液化石油ガス販売事業者の承諾を得ないで、発火しやすい物を携帯して、前項に規定する場所に立ち入ってはならない。

【中略】

第三章の二　完成検査及び保安検査に係る認定

【中略】

(検査の記録の届出)
第三十九条の十一　認定完成検査実施者は、第二十条第五項の経済産業省令で定める方法により、認定を受けた特定変更工事に係る完成検査を行い、製造のための施設又は第一種貯蔵所が第八条第一号又は第十六条第二項の技術上の基準に適合していることを確認したときは、都道府県知事に経済産業省令で定める事項を記載した検査の記録を届け出ることができる。

2　認定保安検査実施者は、第三十五条第四項の経済産業省令で定める方法により、認定を受けた特定施設に係る保安検査を行い、製造のための施設が第八条第一号の技術上の基準に適合していることを確認したときは、都道府県知事に経済産業省令で定める事項を記載した検査の記録を届け出ることができる。

【中略】

第四章　容器等
　第一節　容器及び容器の附属品
第四十条　削除

(製造の方法)
第四十一条　高圧ガスを充てんするための容器(以下単に「容器」という。)の製造の事業を行う者(以下「容器製造業者」という。)は、経済産業省令で定める技術上の基準に従って容器の製造をしなければならない。

2　経済産業大臣は、容器製造業者の製造の方法が前項の技術上の基準に適合していないと認めるときは、その技術上の基準に従って容器の製造をすべきことを命ずることができる。

第四十二条　削除

第四十三条　削除

（容器検査）
第四十四条　容器の製造又は輸入をした者は、経済産業大臣、協会又は経済産業大臣が指定する者（以下「指定容器検査機関」という。）が経済産業省令で定める方法により行う容器検査を受け、これに合格したものとして次条第一項の刻印又は同条第二項の標章の掲示がされているものでなければ、当該容器を譲渡し、又は引き渡してはならない。ただし、次に掲げる容器については、この限りでない。
一　第四十九条の五第一項の登録を受けた容器製造業者（以下「登録容器製造業者」という。）が製造した容器（経済産業省令で定めるものを除く。）であって、第四十九条の二十五第一項の刻印又は同条第二項の標章の掲示がされているもの
二　第四十九条の三十一第一項の登録を受けて外国において本邦に輸出される容器の製造の事業を行う者（以下「外国登録容器製造業者」という。）が製造した容器（前号の経済産業省令で定めるものを除く。）であって、第四十九条の三十三第二項において準用する第四十九条の二十五第一項の刻印又は同条第二項の標章の掲示がされているもの
三　輸出その他の経済産業省令で定める用途に供する容器
四　高圧ガスを充てんして輸入された容器であって、高圧ガスを充てんしてあるもの
2　前項の容器検査を受けようとする者は、その容器に充てんしようとする高圧ガスの種類及び圧力を明らかにしなければならない。
3　高圧ガスを一度充てんした後再度高圧ガスを充てんすることができないものとして製造された容器（以下「再充てん禁止容器」という。）について、第一項の容器検査を受けようとする者は、その容器が再充てん禁止容器である旨を明らかにしなければならない。
4　第一項の容器検査においては、その容器が経済産業省令で定める高圧ガス

の種類及び圧力の大きさ別の容器の規格に適合するときは、これを合格とする。

（刻印等）
第四十五条　経済産業大臣、協会又は指定容器検査機関は、容器が容器検査に合格した場合において、その容器が刻印をすることが困難なものとして経済産業省令で定める容器以外のものであるときは、速やかに、経済産業省令で定めるところにより、その容器に、刻印をしなければならない。

2　経済産業大臣、協会又は指定容器検査機関は、容器が容器検査に合格した場合において、その容器が前項の経済産業省令で定める容器であるときは、速やかに、経済産業省令で定めるところにより、その容器に、標章を掲示しなければならない。

3　何人も、前二項、第四十九条の二十五第一項（第四十九条の三十三第二項において準用する場合を含む。次条第一項第三号において同じ。）若しくは第四十九条の二十五第二項（第四十九条の三十三第二項において準用する場合を含む。次条第一項第三号において同じ。）又は第五十四条第二項に規定する場合のほか、容器に、第一項の刻印若しくは前項の標章の掲示（以下「刻印等」という。）又はこれらと紛らわしい刻印等をしてはならない。

（表示）
第四十六条　容器の所有者は、次に掲げるときは、遅滞なく、経済産業省令で定めるところにより、その容器に、表示をしなければならない。その表示が滅失したときも、同様とする。
一　容器に刻印等がされたとき。
二　容器に第四十九条の二十五第一項の刻印又は同条第二項の標章の掲示をしたとき。
三　第四十九条の二十五第一項の刻印又は同条第二項の標章の掲示（以下「自主検査刻印等」という。）がされている容器を輸入したとき。

2　容器（高圧ガスを充てんしたものに限り、経済産業省令で定めるものを除く。）の輸入をした者は、容器が第二十二条第一項の検査に合格したときは、遅滞なく、経済産業省令で定めるところにより、その容器に、表示をしなければならない。その表示が滅失したときも、同様とする。

3　何人も、前二項又は第五十四条第三項に規定する場合のほか、容器に、前二項の表示又はこれと紛らわしい表示をしてはならない。

【中略】

(充てん)

第四十八条　高圧ガスを容器(再充てん禁止容器を除く。以下この項において同じ。)に充てんする場合は、その容器は、次の各号のいずれにも該当するものでなければならない。

一　刻印等又は自主検査刻印等がされているものであること。

二　第四十六条第一項の表示をしてあること。

三　バルブ(経済産業省令で定める容器にあっては、バルブ及び経済産業省令で定める附属品。以下この号において同じ。)を装置してあること。この場合において、そのバルブが第四十九条の二第一項の経済産業省令で定める附属品に該当するときは、そのバルブが附属品検査を受け、これに合格し、かつ、第四十九条の三第一項又は第四十九条の二十五第三項(第四十九条の三十三第二項において準用する場合を含む。以下この項、次項、第四項及び第四十九条の三第二項において同じ。)の刻印がされているもの(附属品検査若しくは附属品再検査を受けた後又は第四十九条の二十五第三項の刻印がされた後経済産業省令で定める期間を経過したもの又は損傷を受けたものである場合にあっては、附属品再検査を受け、これに合格し、かつ、第四十九条の四第三項の刻印がされているもの)であること。

四　溶接その他第四十四条第四項の容器の規格に適合することを困難にするおそれがある方法で加工をした容器にあっては、その加工が経済産業省令で定める技術上の基準に従ってなされたものであること。

五　容器検査若しくは容器再検査を受けた後又は自主検査刻印等がされた後経済産業省令で定める期間を経過した容器又は損傷を受けた容器にあっては、容器再検査を受け、これに合格し、かつ、次条第三項の刻印又は同条第四項の標章の掲示がされているものであること。

2　高圧ガスを再充てん禁止容器に充てんする場合は、その再充てん禁止容器は、次の各号のいずれにも該当するものでなければならない。

一　刻印等又は自主検査刻印等がされているものであること。

二　第四十六条第一項の表示をしてあること。

三　バルブ(経済産業省令で定める再充てん禁止容器にあっては、バルブ及び経済産業省令で定める附属品。以下この号において同じ。)を装置してあること。この場合において、そのバルブが第四十九条の二第一項の経済産業省令で定める附属品に該当するときは、そのバルブが附属品検査を受け、

これに合格し、かつ、第四十九条の三第一項又は第四十九条の二十五第三項の刻印がされているものであること。
四　容器検査に合格した後又は自主検査刻印等がされた後加工されていないものであること。
3　高圧ガスを充てんした再充てん禁止容器及び高圧ガスを充てんして輸入された再充てん禁止容器には、再度高圧ガスを充てんしてはならない。
4　容器に充てんする高圧ガスは、次の各号のいずれにも該当するものでなければならない。
一　刻印等又は自主検査刻印等において示された種類の高圧ガスであり、かつ、圧縮ガスにあってはその刻印等又は自主検査刻印等において示された圧力以下のものであり、液化ガスにあっては経済産業省令で定める方法によりその刻印等又は自主検査刻印等において示された内容積に応じて計算した質量以下のものであること。
二　その容器に装置されているバルブ（第一項第三号の経済産業省令で定める容器にあってはバルブ及び同号の経済産業省令で定める附属品、第二項第三号の経済産業省令で定める再充てん禁止容器にあってはバルブ及び同号の経済産業省令で定める附属品）が第四十九条の二第一項の経済産業省令で定める附属品に該当するときは、第四十九条の三第一項又は第四十九条の二十五第三項の刻印において示された種類の高圧ガスであり、かつ、圧縮ガスにあってはその刻印において示された圧力以下のものであり、液化ガスにあっては経済産業省令で定める方法によりその刻印において示された圧力に応じて計算した質量以下のものであること。
5　経済産業大臣が危険のおそれがないと認め、条件を付して許可した場合において、その条件に従って高圧ガスを充てんするときは、第一項、第二項及び第四項の規定は、適用しない。

【中略】

（くず化その他の処分）
第五十六条　経済産業大臣は、容器検査に合格しなかつた容器がこれに充てんする高圧ガスの種類又は圧力を変更しても第四十四条第四項の規格に適合しないと認めるときは、その所有者に対し、これをくず化し、その他容器として使用することができないように処分すべきことを命ずることができる。
2　協会又は指定容器検査機関は、その行う容器検査に合格しなかつた容器が

　　　　これに充てんする高圧ガスの種類又は圧力を変更しても第四十四条第四項の規格に適合しないと認めるときは、遅滞なく、その旨を経済産業大臣に報告しなければならない。
　3　容器の所有者は、容器再検査に合格しなかった容器について三月以内に第五十四条第二項の規定による刻印等がされなかつたときは、遅滞なく、これをくず化し、その他容器として使用することができないように処分しなければならない。
　4　前三項の規定は、附属品検査又は附属品再検査に合格しなかつた附属品について準用する。この場合において、第一項及び第二項中「これに」とあるのは「その附属品が装置される容器に」と、「第四十四条第四項」とあるのは「第四十九条の二第四項」と、前項中「について三月以内に第五十四条第二項の規定による刻印等がされなかつたとき」とあるのは「について」と読み替えるものとする。
　5　容器又は附属品の廃棄をする者は、くず化し、その他容器又は附属品として使用することができないように処分しなければならない。

【中略】

第四節　冷凍機器
（冷凍設備に用いる機器の製造）
第五十七条　もっぱら冷凍設備に用いる機器であって、経済産業省令で定めるものの製造の事業を行う者（以下「機器製造業者」という。）は、その機器を用いた設備が第八条第一号又は第十二条第一項の技術上の基準に適合することを確保するように経済産業省令で定める技術上の基準に従ってその機器の製造をしなければならない。

【中略】

第四章の三　高圧ガス保安協会
　第一節　総則
（目的）
第五十九条の二　協会は、高圧ガスによる災害の防止に資するため、高圧ガスの保安に関する調査、研究及び指導、高圧ガスの保安に関する検査等の業務を行うことを目的とする。

【中略】

（業務の範囲）
第五十九条の二十八　協会は、第五十九条の二の目的を達成するため、次の業務を行う。

　　一　高圧ガスの保安に関する調査、研究及び指導並びに情報の収集及び提供を行うこと。

　　二　高圧ガスの保安に関する技術的な事項について経済産業大臣に意見を申し出ること。

　　三　第二十七条の二第七項及び第三十一条第三項並びに液化石油ガス法第十九条第三項 、第三十七条の五第四項及び第三十八条の九の講習を行うこと。

　　四　第二十条第一項ただし書若しくは同条第三項第一号の完成検査、第二十二条第一項第一号の輸入検査、第三十五条第一項第一号の保安検査、第四十四条第一項の容器検査、第四十九条第一項の容器再検査、第四十九条の二第一項の附属品検査、第四十九条の四第一項の附属品再検査、第四十九条の二十三第一項の試験若しくは第五十六条の三第一項から第三項までの特定設備検査又は液化石油ガス法第三十七条の三第一項 ただし書（液化石油ガス法第三十七条の四第四項 において準用する場合を含む。）の完成検査若しくは液化石油ガス法第三十七条の六第一項 ただし書の保安検査（以下「保安検査等」という。）その他高圧ガスの保安に関し必要な検査を行うこと。

　　四の二　第三十九条の七第一項（第三十九条の八第二項において準用する場合を含む。）、第三十九条の七第三項（第三十九条の八第三項において準用する場合を含む。）、第四十九条の八第一項（第四十九条の九第二項又は第四十九条の三十一第二項において準用する場合を含む。）又は第五十六条の六の五第一項（第五十六条の六の六第二項又は第五十六条の六の二十二第二項において準用する場合を含む。）の調査を行うこと。

　　四の二の二　第五十六条の六の十四第二項の特定設備基準適合証の交付を行うこと。

　　四の二の三　指定設備の認定を行うこと。

　　四の三　液化石油ガス法第二条第六項 の液化石油ガス設備士となるのに必要な知識及び技能に関する講習を行うこと。

四の三の二　液化石油ガス法第二十七条第二項 の保安機関となるのに必要な技術に関する指導を行うこと（国の委託により行うものを含む。）。

四の四　第二十九条の二第一項若しくは第三十一条の二第一項又は液化石油ガス法第三十八条の四の二第一項 若しくは液化石油ガス法第三十八条の六第一項 の規定により、免状交付事務若しくは試験事務又は液化石油ガス法第三十八条の四の二第一項 の免状交付事務若しくは液化石油ガス法第三十八条の六第一項 に規定する液化石油ガス設備士試験の実施に関する事務（以下「試験事務等」という。）を行うこと。

五　削除

六　高圧ガスの保安に関する教育を行うこと。

七　前各号の業務に附帯する業務

八　前各号に掲げるもののほか、第五十九条の二の目的を達成するために必要な業務

2　協会は、前項第八号に掲げる業務を行おうとするときは、経済産業大臣の認可を受けなければならない。

3　協会は、第一項の業務を行うほか、当該業務の円滑な遂行に支障のない範囲において、経済産業大臣の認可を受けて、高圧ガスの保安に関する業務を行うために有する機械設備又は技術を活用して行う検査、試験等の業務その他協会が行うことが適切であると認められる業務を行うことができる。

【中略】

第五章　雑則

（帳簿）

第六十条　第一種製造者、第一種貯蔵所又は第二種貯蔵所の所有者又は占有者、販売業者、容器製造業者及び容器検査所の登録を受けた者は、経済産業省令で定めるところにより、帳簿を備え、高圧ガス若しくは容器の製造、販売若しくは出納又は容器再検査若しくは附属品再検査について、経済産業省令で定める事項を記載し、これを保存しなければならない。

【中略】

（事故届）

第六十三条　第一種製造者、第二種製造者、販売業者、液化石油ガス法第六条 の液化石油ガス販売事業者、高圧ガスを貯蔵し、又は消費する者、容器製造業者、容器の輸入をした者その他高圧ガス又は容器を取り扱う者は、次に掲げる場合は、遅滞なく、その旨を都道府県知事又は警察官に届け出なければならない。

一　その所有し、又は占有する高圧ガスについて災害が発生したとき。

二　その所有し、又は占有する高圧ガス又は容器を喪失し、又は盗まれたとき。

2　経済産業大臣又は都道府県知事は、前項第一号の場合は、所有者又は占有者に対し、災害発生の日時、場所及び原因、高圧ガスの種類及び数量、被害の程度その他必要な事項につき報告を命ずることができる。

【以下略】

章末クイズの解答

◆2章の解答 (P.63)

(1)	(2)	(3)	(4)	(5)	(6)	(7)	(8)	(9)	(10)
○	○	×	×	○	×	×	×	○	○
(11)	(12)	(13)	(14)	(15)	(16)	(17)	(18)	(19)	(20)
○	×	○	○	○	×	○	○	×	×

◆3章の解答 (P.80)

(1)	(2)	(3)	(4)	(5)	(6)	(7)	(8)	(9)	(10)
○	○	×	×	×	○	×	×	×	×
(11)	(12)	(13)	(14)	(15)					
○	○	○	○	○					

◆4章の解答 (P.131)

(1)	(2)	(3)	(4)	(5)	(6)	(7)	(8)	(9)	(10)
○	○	○	○	×	○	○	×	○	○
(11)	(12)	(13)	(14)	(15)	(16)	(17)	(18)	(19)	(20)
×	×	○	×	○	○	○	×	○	×

◆5章の解答 (P.152)

(1)	(2)	(3)	(4)	(5)	(6)	(7)	(8)	(9)	(10)
○	○	○	○	×	×	○	×	○	×
(11)	(12)	(13)	(14)	(15)	(16)	(17)	(18)	(19)	(20)
○	○	×	×	×	○	×	×	○	○

◆6章の解答 (P.173)

(1)	(2)	(3)	(4)	(5)	(6)	(7)	(8)	(9)	(10)
○	×	×	○	○	○	○	×	×	○
(11)	(12)	(13)	(14)	(15)					
×	○	×	×	○					

◆7章の解答 (P.205)

(1)	(2)	(3)	(4)	(5)	(6)	(7)	(8)	(9)	(10)
×	○	×	○	○	○	×	×	○	○
(11)	(12)	(13)	(14)	(15)	(16)	(17)	(18)	(19)	(20)
×	×	○	○	○	×	×	○	×	×

◆8章の解答 (P.229)

(1)	(2)	(3)	(4)	(5)	(6)	(7)	(8)	(9)	(10)
○	○	○	×	○	○	×	○	×	×
(11)	(12)	(13)	(14)	(15)					
○	×	○	○	×					

索引
INDEX

あ行

- 圧縮機……………………… 18, 95, 156
- 圧縮機駆動軸動力…………………… 162
- 圧力………………………………… 32
- 圧力調整弁………………………… 200
- 圧力比……………………………… 109
- 油分離器…………………………… 197
- アルキルベンゼン油……………… 149
- 安全弁……………………………… 201
- アンローダ………………………… 170
- 硫黄燃焼試験……………………… 203
- インナーフィンチューブ………… 192
- インバータ………………………… 170
- 液ガス熱交換器…………………… 198
- 液分離器…………………………… 197
- エジェクタ………………………… 238
- エチレングリコール水溶液……… 148
- 塩化カルシウム水溶液…………… 147
- 塩化ナトリウム水溶液…………… 147
- 遠心式圧縮機……………………… 156
- エンタルピー……………………… 43
- エントロピー……………………… 52
- オイルフォーミング……………… 151
- オゾン破壊係数………………… 24, 135
- 温室効果ガス……………………… 25
- 温度………………………………… 31
- 温度自動膨張弁…………………… 199
- 温熱源・冷熱源設備……………… 210

か行

- 快適空調…………………………… 209
- 外部均圧形温度自動膨張弁……… 199
- 開放圧縮機………………………… 156
- 可逆断熱圧縮……………………… 95
- 可逆断熱変化……………………… 57
- 可逆変化…………………………… 41
- 過熱蒸気…………………………… 58
- 過熱度………………………… 102, 113
- 可燃性……………………………… 141
- カルノーサイクル………………… 48
- 過冷却液…………………………… 58
- 過冷却度……………………… 102, 112
- 乾き空気…………………………… 212
- 乾き度……………………………… 60
- 乾き飽和蒸気…………………… 58, 86
- 感温筒……………………………… 199
- 乾球温度…………………………… 216
- 寒剤………………………………… 14
- 乾式シェルアンドチューブ蒸発器… 186
- 乾式蒸発器………………………… 186
- 乾式プレートフィンコイル蒸発器… 187
- 乾燥器……………………………… 198
- 機械効率…………………………… 162
- 擬似共沸混合冷媒………………… 138
- 逆カルノーサイクル……………… 49
- キャピラリチューブ……………… 200
- 吸収器……………………………… 129
- 吸収剤……………………………… 129
- 吸収冷凍機………………………… 129
- 吸収冷凍サイクル………………… 129
- 吸入圧力調整弁…………………… 200
- 凝縮………………………………… 17
- 凝縮圧力…………………………… 114
- 凝縮圧力調整弁…………………… 200
- 凝縮器……………………… 18, 96, 176
- 凝縮負荷……………………… 109, 176
- 共沸混合冷媒………………… 93, 138
- 均圧管……………………………… 196
- 金属水素化物冷凍………………… 236
- 空気凝縮器………………………… 178
- 空気調和…………………………… 208
- 空気調和装置……………………… 11
- 空気冷却器………………………… 186
- 空調機設備………………………… 210
- 空調負荷…………………………… 209
- 空調方式…………………………… 211

268

クオリティ	60	受液器	196
クロロフルオロカーボン	24	潤滑性	149
ゲージ圧	32	昇華	14
顕熱	14,34	昇華熱	35
顕熱比	219	蒸気圧縮冷凍サイクル	94
高圧圧力スイッチ	201	状態式	30
高圧ガス保安法	244	状態線図	58
高圧遮断装置	201	状態量	30
高圧受液器	196	蒸発	16
工業仕事	42	蒸発圧力	114
合成油	149	蒸発圧力調整弁	200
高段圧縮機	118	蒸発器	18,98,186
高段側冷媒循環量	121	蒸発式凝縮器	179
鉱油	149	蒸発熱	35,140,143
コールドチェーン	11	示量性状態量	33
個別方式	211	吸込み量	160
混合冷媒	138	水素吸蔵合金	236
		水冷凝縮器	177
さ行		成績係数	49,110
再生器	129	ゼーベック効果	240
作業空調	209	摂氏(セルシウス)温度	31
産業プロセス空調	209	絶対圧	32
算術平均温度差	181	絶対温度	31
磁気熱量効果	232	絶対仕事	42
示強性状態量	33	絶対湿度	215
磁気冷凍	232	全圧	214
仕事の熱当量	34	全断熱効率	163
自然冷媒	135,138	潜熱	35
湿球温度	216	全密閉圧縮機	158
実際の圧縮動力	162	相互溶解性	149
実際の冷凍サイクル	164	相対湿度	216
実際の冷凍サイクルの成績係数	166		
自動制御設備	210	**た行**	
自動膨張弁	199	対数平均温度差	181
絞り	45	体積効率	160
絞り過程	45	ダブルチューブ凝縮器	177
絞り膨張	97	単一成分冷媒	137
湿り空気	212	断熱効率	162
湿り空気線図	219	地球温暖化係数	25,135
湿り空気の比エンタルピー	218	中央単一ダクト方式	210
湿り空気の比体積	218	中央方式	211
湿り蒸気	58	中間冷却器	118

索引

269

中間冷却器用膨張弁………………	118
低圧圧力スイッチ…………………	201
定圧自動膨張弁……………………	200
低圧受液器…………………………	196
定圧比熱……………………………	37
低温工学……………………………	23
低温流通……………………………	11
定常流れ系…………………………	44
定積比熱……………………………	37
低段圧縮機…………………………	118
低段側冷媒循環量…………………	121
電気絶縁性…………………	141, 149
伝熱…………………………………	66
等圧線………………………………	85
等圧変化…………………	56, 96, 98
等温線……………………………	85, 87
等温変化……………………………	57
等乾き度線………………………	85, 90
等積変化……………………………	56
等比エンタルピー線……………	85, 97
等比エンタルピー変化……………	45
等比エントロピー線……………	85, 89
等比エントロピー変化……………	95
等比体積線………………………	85, 88
毒性…………………………………	141

な行

内部エネルギー……………………	39
内部均圧形温度自動膨張弁………	199
流れ仕事……………………………	43
ナフテン系油………………………	149
二元冷凍サイクル…………………	125
二重管凝縮器………………………	177
二次冷媒……………………………	147
二段圧縮冷凍サイクル……………	118
ニュートンの冷却の法則…………	70
熱音響効果…………………………	234
熱音響冷凍…………………………	234
熱機関………………………………	48
熱効率………………………………	48
熱水分比……………………………	220
熱通過………………………………	72

熱通過抵抗…………………………	72
熱通過率……………………………	72
熱電素子……………………………	240
熱伝達………………………………	66
熱伝達率……………………………	70
熱伝導………………………………	66
熱伝導率…………………………	68, 141
熱の仕事当量………………………	34
熱搬送設備…………………………	210
熱平衡………………………………	14
熱放射………………………………	66
熱力学の第一法則…………………	38
熱力学の第二法則…………………	46
粘性係数……………………………	141

は行

ハイドロクロロフルオロカーボン……	24
ハイドロフルオロカーボン………	25
ハライドトーチ試験………………	203
パラフィン系油……………………	149
破裂板………………………………	202
半密閉圧縮機………………………	158
ヒートアイランド現象……………	26
ヒートポンプ……………………	49, 223
ヒートポンプ空気調和機…………	223
比エンタルピー…………………	43, 91
比エントロピー…………………	31, 54
比較湿度……………………………	217
非共沸混合冷媒…………………	93, 138
比状態量……………………………	33
ピストン押しのけ量………………	159
比体積……………………………	140, 143
比内部エネルギー…………………	39
比熱………………………………	31, 36
比熱比……………………………	37, 140
非フルオロカーボン冷媒…………	135
標準沸点……………………………	143
フーリエの法則……………………	68
沸点…………………………………	93
不飽和湿り空気……………………	215
ブライン……………………………	147
ブラインポンプ……………………	147

ブライン冷却器	186
フルオロカーボン冷媒	134, 137
プロピレングリコール水溶液	148
分圧	214
分散方式	211
ペルチェ効果	240
返油管	197
膨張弁	18, 97
飽和液	58
飽和液線	84, 86
飽和湿り空気	215
飽和蒸気	58
飽和蒸気圧	58, 140, 144
飽和蒸気線	84, 86
ポリアルキレングリコール油	149
ポリオールエステル油	149
ポリビニルエーテル油	149

ま行

満液式蒸発器	188
水冷却器	186
密度	33
密閉圧縮機	158

や行

融解	16
融解熱	35
有効内外伝熱面積機	182
溶液ポンプ	129
溶解度	150
容積式圧縮機	156
溶栓	201
用量制御	170
横形シェルアンドチューブ凝縮器	177
汚れ係数	183

ら行

リキッドフィルタ	198
理想気体	56
理想気体の状態式	56
流動性	149
理論圧縮動力	108

理論二段圧縮冷凍サイクル	122
理論ヒートポンプサイクルの成績係数	111
理論冷凍サイクル	106, 115
臨界温度	143
臨界点	58
冷却水調整弁	200
冷凍機	20
冷凍機油	142, 149
冷凍効果	107
冷凍工学	23
冷凍サイクル	100
冷凍車	12
冷凍トン	108
冷凍能力	108
冷媒	18, 129, 134
冷媒液強制循環式蒸発器	189
冷媒循環量	106
冷媒ポンプ	129
露点	93
露点温度	216

アルファベット

AB	149
CFC	24, 137
CFC冷媒	135
COP	49, 110, 166
GWP	25, 135, 141
HCFC	24, 137
HCFC冷媒	135
HFC	25, 137
HFO	137
hx線図	219
ODP	24, 135, 141
PAG	149
Ph線図	84
POE	149
PVE	149
R134a	91
SHF	219
SI組立単位	75
SI接頭語	76
SI単位	74

参考文献

　本書の作成にあたり、以下の多くの文献を参考・引用させていただきました。ここに深く謝意を表します。

(1)　日本冷凍空調学会編『新版第6版　冷凍空調便覧　第Ⅰ巻　基礎編』日本冷凍空調学会、2010

(2)　日本冷凍空調学会編『新版第6版　冷凍空調便覧　第Ⅱ巻　機器編』日本冷凍空調学会、2006

(3)　日本冷凍空調学会編『新版第6版　冷凍空調便覧　第Ⅲ巻　冷凍空調応用編』日本冷凍空調学会、2006

(4)　溝部政司『冷凍』Vol.80, No.936, pp.904-906, 2005

(5)　菊池文男『冷凍』Vol.80, No.936, pp.894-899, 2005

(6)　大隅和男『わかりやすい冷凍の理論』オーム社、1999

(7)　山田治夫『冷凍および空気調和』養賢堂、1980

(8)　R. C. Jordan and G. C. Priester "Refrigeration and Air Conditioning, 2nd Ed." Prentice-Hall, Englewood Cliffs, U.S.A., 1974

(9)　『エネルギー白書2018』経済産業省、2018

(10)　国立天文台編『理科年表』丸善、2018

(11)　谷下一松『工学基礎熱力学』裳華房、2002

(12)　日本熱物性学会編『新編熱物性ハンドブック』養賢堂、2008

(13)　相原利雄『伝熱工学』裳華房、1994

(14)　日本機械学会編『伝熱工学資料　改訂第4版』日本機械学会、2005

(15)　日本冷凍空調学会『冷凍サイクル計算プログラム』Ver.1, Ver.2

(16)　日本冷凍空調学会編『日本冷凍空調学会熱力学表　第1巻　HFCs and HCFCs　第2版』日本冷凍空調学会、2008

(17)　日本冷凍空調学会編『日本冷凍空調学会熱力学表　第2巻　R 410A第1版』日本冷凍空調学会、2008

(18) JSRAE Thermodynamic Table Vol.3, HFO-1234yf, Ver.1.0, 2010:JSRAE Thermodynamic Table Vol.4, HFO-1234ze[E], Ver.1.0, 2011

(19) 日本冷凍空調学会編『上級標準テキスト 冷凍空調技術 冷凍編』日本冷凍空調学会、2017

(20) 日本冷凍空調学会編『上級標準テキスト 冷凍空調技術 空調編』日本冷凍空調学会、2017

(21) 長屋重夫、平野直樹『冷凍』Vol.79, No.925, pp.827-831, 2004

(22) 琵琶哲志『冷凍』Vol.79, No.925, pp.874-881, 2004

(23) 内田裕久『冷凍』Vol.79, No.925, pp.837-840, 2004

(24) 中川勝文『冷凍』Vol.79, No.925, pp.856-861, 2004

(25) IPPC第5次評価報告書, 2013

●著者紹介

高石　吉登（たかいし　よしのり）

1982年	慶応義塾大学大学院工学研究科機械工学専攻博士課程修了
	工学博士（慶應義塾大学）
現職	神奈川工科大学工学部機械工学科 教授
1980年～現在	日本冷凍空調学会会員、論文集編集委員会委員など
1985年～1988年	中央大学理工学部精密機械工学科 兼任講師
1988年～1989年	ロンドン大学インペリアルカレッジ 訪問研究員

図解入門よくわかる
最新冷凍空調の基本と仕組み [第2版]

発行日	2019年 3月11日　　第1版第1刷
著　者	高石　吉登

発行者　斉藤　和邦
発行所　株式会社　秀和システム
　　　　〒104-0045
　　　　東京都中央区築地2丁目1-17　陽光築地ビル4階
　　　　Tel 03-6264-3105（販売）Fax 03-6264-3094
印刷所　三松堂印刷株式会社　　　Printed in Japan

ISBN978-4-7980-5724-8 C3053

定価はカバーに表示してあります。
乱丁本、落丁本はお取りかえいたします。
本書に関するご質問は、質問の内容、住所、氏名、電話番号を明記の上、当社編集部宛てにFAX、または書面にてお送りください。お電話によるご質問は受け付けておりませんので、あらかじめご了承ください。